KB263321

캐번디시가 들려주는 물질의 특성 이야기

캐번디시가 들려주는 물질의 특성 이야기

초판 1쇄 발행일 | 2011년 9월 20일
초판 12쇄 발행일 | 2025년 9월 17일

지은이 | 김경은
펴낸이 | 정은영
펴낸곳 | (주)자음과모음

출판등록 | 2001년 11월 28일 제2001-000259호
주   소 | 10881 경기도 파주시 회동길 325-20
전   화 | 편집부 (02)324-2347, 경영지원부 (02)325-6047
팩   스 | 편집부 (02)324-2348, 경영지원부 (02)2648-1311
e-mail | jamoteen@jamobook.com

ISBN 978-89-544-2227-7 (44400)

• 잘못된 책은 교환해 드립니다.

캐번디시가 들려주는

물질의 특성 이야기

| 김경은 지음 |

주|자음과모음

제2의 캐번디시를 꿈꾸는 청소년을 위한
'물질의 특성' 이야기

"선생님, 과학을 잘하려면 어떻게 해야 하나요? 저는 초등학교 때까지는 과학을 잘했는데, 중학교에 와서 과학에 대한 자신이 없어졌어요. 과학은 너무 어려운 과목인 것 같아요. 어떻게 하면 과학을 잘할 수 있을까요?"

현재 중학교 3학년인 이 학생도 어린 시절엔 전도유망한 꼬마 과학자였습니다. 호기심에 가득 찬 눈으로 세상의 모든 것을 바라보았고, 세상의 모든 것이 궁금했지요. 꼬마 과학자가 자라서 과학을 어려운 과목이라 생각하게 된 이유는 무엇일까요?

그것은 어린 시절에 가졌던 호기심이 줄어들었기 때문입니다. 과학은 이 세상에서 일어나는 여러 가지 현상의 원리를 탐구하는 학문입니다. 그리고 여러 가지 현상에 대한 이치를 알아 가는 과정에서 즐거움을 느낄 수 있지요. 하지만 과학에 대한 즐거움을 느끼지 못할 경우, 많은 학생이 자신의 호기심을 억누르면서 과학을 점점 더 어려운 학문으로 생각하게 됩니다.

이 책에는 캐번디시와 여러 학생이 함께 수업하는 과정을 담았습니다. 이 책을 읽는 청소년 여러분도 수업에 적극적으로 참여하여 여러 가지 상황에 대해 함께 고민했으면 합니다. 그래서 여러분 속에 숨어 있는 과학에 대한 호기심을 다시 깨우길 바랍니다. 그 과정에서 여러분은 학문의 즐거움을 맛볼 수 있으며, 새로운 현상에 대한 호기심이 저절로 생기는 것을 경험할 수 있을 것입니다.

과학의 여러 분야 중 화학은 물질의 성질과 그 변화에 대해 연구하는 학문입니다. 각각의 물질이 가지고 있는 고유한 성질인 물질의 특성에 대해 알아보는 것은 화학의 기초라고 할 수 있습니다. 이 책에서는 물질의 특성과 물질의 특성을 이용하여 혼합물을 분리하는 방법이 매우 자세하게 설명돼 있습니다. 여섯 번의 수업이 끝나는 순간 과학에 대해 더 많은 것을 알아보고 싶은 마음이 더 커질 것이라 확신합니다.

김 경 은

차례

1

물질의 특성

사람들도 각자 다른 개성을 가지고 있듯 물질들도 각각 고유한 성질을 가지고 있습니다.
물질의 고유한 성질인 물질의 특성에 대해 알아봅시다.

첫 번째 수업

물질의 특성

교.
과.
연.
계.

초등 과학 3-1
초등 과학 3-2
중등 과학 3

1. 우리 생활과 물질
3. 혼합물의 분리
2. 물질의 특성

캐번디시가 자기소개를 하며
첫 번째 수업을 시작했다.

여러분! 안녕하세요. 나는 영국의 화학자 캐번디시(Henry Cavendish, 1731~1810)라고 해요. 만나게 되어 매우 반가워요! 사실 나는 매우 소심하고 수줍음을 잘 타는 성격을 가지고 있기 때문에 이렇게 많은 사람 앞에서 이야기하는 게 정말 생소해요. 그렇지만 여러분이 나와 함께 수업을 하며 과학에 대해 더욱 깊이 있는 이해를 하길 바라는 마음으로 이 자리에 섰습니다. 그러니까 여러분도 적극적으로 수업에 참여해 주세요.

__ 네! 걱정 마세요, 선생님!

수업을 시작하기 전에 간단한 질문 하나 할까요? 나에 대해 미리 조사해 오라는 과제를 전달받았겠지요? 내가 어떤 사람인지 한번 말해 볼까요?

　＿ 수소를 발견한 과학자예요.

　＿ 지구의 질량을 계산한 과학자입니다.

　＿ 영국의 유명한 연구소 중의 하나인 캐번디시 연구소의 이름을 제공한 과학자이지요?

네, 모두 맞습니다. 여러분이 나에 대해서 매우 잘 알고 있군요. 나는 어릴 적부터 과학 실험에 관심이 많았던 아버지의 영향으로 과학 실험을 자연스럽게 접할 수 있었어요. 그래서 집에 과학 실험실을 만들고, 평생을 연구에 매진했지요. 내가 했던 실험을 한 가지 소개할게요.

수소의 발견

캐번디시는 삼각 플라스크에 마그네슘 조각을 몇 개 넣고, 묽은 염산을 떨어뜨렸다. 마그네슘 조각에서 부글부글 거품이 생겼고, 물속에 담긴 집기병에는 기체가 모였다. 기체가 담긴 집기병의 입구에 불씨를 갖다 대자 '펑' 하는 소리가 났다.

__ 와~!

여러분, 내가 일부러 여러분을 놀래려고 한 것이 아니니 양
해 바랍니다.

__ 아니에요, 선생님. 조금 놀랐지만 재미있어요. 앞으로의
선생님과의 수업이 너무 기대돼요!

그렇다면 정말 다행이군요. 고맙습니다.

여러분, 마그네슘과 묽은 염산이 반응하여 생성된 기체는
무엇일까요? 어떤 기체이기에 이러한 현상이 일어나는 것일
까요?

__ 음……, 수소를 발견한 캐번디시 선생님이 하신 실험이
니까 수소 기체 아닐까요?

네, 맞아요! 재치 있게 잘 대답했어요. 마그네슘과 묽은 염산이 반응하면 수소 기체가 발생합니다. 그런데 내가 한창 연구를 진행하던 시기에는 이 기체가 수소 기체라는 것을 알지 못했어요.

나는 아연과 묽은 황산을 반응시켰을 때 발생되는 기체에서 수분을 제거하여 얻은 기체가 공기보다 가볍고, 불에 잘 타는 성질이 있다는 것을 알게 되었어요. 그래서 나는 이 기체를 가연성 공기(inflammable air)라고 불렀습니다. 나중에 프랑스의 과학자인 라부아지에(Antoine de Lavoisier, 1743~1794)가 이 기체를 수소(hydrogen)라고 명명했고, 오늘날에도 우리는 이 기체를 '수소'라고 부르고 있습니다.

나는 수소 기체를 발견한 뒤 수소 기체의 성질에 대한 연구를 진행했어요. 수소 기체의 무게와 부피를 측정하여 수소 기체의 비중이 공기의 $\frac{1}{12}$이라는 결론을 얻기도 했지요. 그리고 수소와 산소의 혼합 기체에 전기 불꽃을 일으키면 물이 생성된다는 것도 알게 됐습니다. 수소 기체는 불에 잘 타는 성질이 있기 때문에 실험할 때마다 항상 주의를 기울여야 했지만, 과학 실험은 언제나 흥미로웠지요.

수소와 산소를 반응시켜 물을 생성할 수도 있고, 물을 전기 분해하여 수소와 산소 기체를 얻을 수도 있어요. 물은 수소와 산소, 두 가지 종류의 원소로 구성되어 있기 때문이지요. 그러나 수소 기체와 산소 기체는 그 성질이 너무나 다릅니다. 수소 기체는 불에 잘 타는 성질인 가연성을 가지고 있지만, 산소 기체는 다른 물질이 잘 탈 수 있도록 도와주는 성질인 조연성을 가지고 있지요.

수소 기체와 산소 기체뿐만 아니라 많은 종류의 물질은 서로 다른 성질을 가지고 있어요. 각 물질이 가지고 있는 고유한 성질을 물질의 특성이라고 해요. 내가 발견한 수소의 비중도 수소가 가지고 있는 물질의 특성이지요.

지금부터 나는 앞으로 여섯 번의 수업을 통해 여러분과 함께 여러 가지 물질의 특성에 대해 알아보고, 물질의 특성을 이용하여 여러 가지 물질이 섞여 있는 혼합물을 분리하는 방법에 대해 살펴보려고 해요.

겉보기 성질

우리는 어떤 물건을 살 때, 그 물건의 겉모습을 가장 먼저 살피게 됩니다. 색깔은 어떤지, 모양은 어떤지 관찰하지요. 물질도 마찬가지예요. 물질이 가지고 있는 겉모습을 먼저 관

찰해 봅시다. 이때 우리가 가진 감각을 사용할 수 있어요. 눈으로 보고, 손으로 만져 보고, 코로 냄새를 맡아 보고, 혀로 맛을 볼 수도 있지요.

캐번디시는 네 종류의 흰색 가루가 담긴 통을 들고, 각각의 가루를 접시에 부었다.

여러분, 네 종류의 가루 물질이 모두 흰색이어서 색깔만으로는 무엇이 어떤 물질인지 구분하기 힘들지요? 어떻게 하면 이 물질이 각각 무엇인지 쉽게 구분할 수 있을까요?
__ 모두 흰색이지만 물질은 고유한 맛을 가지고 있으니까 맛을 보면 금방 어떤 물질인지 알 수 있을 것 같아요.
__ 선생님! 네 종류의 가루 물질 중에서 우리가 먹으면 안 되는 무시무시한 물질이 섞여 있을 수도 있으니까 물질의 맛을 함부로 보는 것은 위험할 것 같아요.
네, 그렇지요. 무엇인지 모르는 물질을 무턱대고 맛을 보면 큰일이 날 수도 있지요. 그런데 내가 접시에 부은 물질은 설탕, 소금, 분유, 소다입니다. 이 물질은 모두 먹을 수 있는 물질이므로 우리가 직접 맛을 보아도 되겠지요?
__ 선생님! 제가 맛을 보고 싶어요.

　　__ 하하하.

　　__ 음……, 설탕은 달콤한 맛, 소금은 짠맛, 분유는 우유 맛, 소다는 약간 쓴맛이 나요. 윽~, 써.

　　하하하, 설탕을 조금 더 먹어서 쓴맛을 달래세요. 이렇듯 각 물질은 고유한 맛을 내기 때문에 우리는 미각을 이용하여 여러 가지 물질을 구별할 수 있습니다. 그런데 독성이 있는 화학 약품은 절대 먹으면 안 되기 때문에 맛 외의 다른 물질의 특성을 이용하여 물질을 구별해야 해요. 여러 가지 물질은 맛 외에 어떤 독특한 특성을 가지고 있을까요?

　　__ 냄새요.

__ 색깔이 달라요.

네, 맞아요. 물질은 종류에 따라 냄새가 다른 경우도 있지요. 물과 에탄올은 둘 다 무색투명한 액체이지만, 물은 아무런 냄새가 나지 않고 에탄올은 술 냄새가 나지요. 그리고 물질은 종류에 따라 색깔이 다르기도 해요. 소금은 흰색, 황산구리는 푸른색, 금은 노란색으로 자신만의 독특한 색깔을 가지고 있어요.

__ 물질마다 촉감도 달라요!

네, 잘 대답했어요. 밀가루를 만져 보면 아주 부드럽지만, 소금은 거칠거칠해요. 그리고 물질은 촉감뿐만 아니라 굳기도 달라요. 석고는 물러서 잘 부서지지만, 다이아몬드는 아주 단단해서 망치로 쳐도 잘 부서지지 않지요.

그 외에 광택이나 물질을 이루는 결정 모양으로도 물질을 구분할 수 있어요. 맛, 냄새, 색깔, 촉감, 굳기, 광택, 결정 모양 등과 같이 사람의 감각 기관이나 간단한 도구를 이용해서 알아낼 수 있는 물질의 성질을 겉보기 성질이라고 해요.

물질의 겉보기 성질은 각 물질들만의 고유한 성질이므로 물질의 특성에 해당하지요. 물질의 특성에는 또 무엇이 있을까요?

캐번디시는 두 개의 컵에 무색투명한 액체를 부었다. 학생들은 각각의 물질이 무엇인지 관찰하였다.

이 두 개의 컵에 들어 있는 물질은 같은 물질일까요? 다른 물질일까요?

__ 두 개의 컵에는 모두 무색투명한 액체가 들어 있어요.

__ 첫 번째 컵 속의 물질에서는 아무 냄새도 안 나고, 두 번째 컵 속의 물질에서는 술 냄새가 나요.

__ 물과 에탄올이군요!

빙고! 물과 에탄올은 색깔이 같지만, 냄새가 다르니까 쉽게 구분할 수 있어요. 물과 에탄올의 다른 점을 또 찾아볼까요? 액체 상태의 물과 에탄올을 각각 가열하면 끓어서 기체 상태로 변해요. 그런데 물과 에탄올은 각기 다른 온도에서 끓습니다. 액체 상태의 물질이 끓어서 기체로 변할 때 일정하게 유지되는 온도를 끓는점이라고 하는데, 물의 끓는점은 100℃, 에탄올의 끓는점은 78℃예요. 이처럼 끓는점은 물질의 종류에 따라 다르지요.

고체 상태의 물질이 녹아서 액체로 변할 때 일정하게 유지

되는 온도를 녹는점이라고 하고, 액체 상태의 물질이 굳어서 고체로 변할 때 일정하게 유지되는 온도를 어는점이라고 해요. 같은 종류의 물질은 녹는점과 어는점이 같아요. 끓는점뿐만 아니라 녹는점과 어는점도 물질의 종류에 따라 다르답니다.

우리는 앞에서 겉보기 성질이 물질의 종류에 따라 다르다고 배웠지요? 겉보기 성질 외에도 끓는점, 녹는점, 어는점도 물질의 종류에 따라 다르므로 물질의 특성에 해당합니다. 이 외에도 물질의 특성에는 밀도와 용해도가 있어요. 밀도란 일정한 부피에 대한 물질의 질량이고, 용해도는 어떤 온도에서 100g의 용매에 최대한 녹일 수 있는 물질의 양을 g수로 나타낸 것을 말하지요. 물질의 겉보기 성질이 비슷하여 물질을 구별하기 힘든 경우에는 끓는점, 녹는점, 어는점이나 밀도, 용해도 등을 비교해 보면 되겠지요?

크기 성질과 세기 성질

이 상자 안에는 어떤 물질이 들어 있어요. 이 물질이 어떤 물질인지 알아맞히는 스무고개 놀이를 해 볼게요. 스무고개 놀이란 어떤 사람이 생각하고 있는 물체에 대해 다른 사람들이 스무 번의 질문을 하여 그 물체가 무엇인지 알아맞히는 놀이에요. 보통 스무고개 놀이를 할 때는 '예' 혹은 '아니요'로만 답할 수 있는 질문을 해야 합니다. 여러분이 어떤 질문을 하면, 내가 '예', '아니요'로 답할게요. 여러분이 이 상자 안에 들어 있는 물질이 무엇인지 꼭 맞추기를 바랍니다. 자, 시작해 볼까요?

__ 이 물질은 달콤한 맛이 나나요?

아니요.

__ 이 물질은 일정한 부피와 질량을 가지고 있나요?

예.

__ 이 물질의 온도는 0℃보다 높나요?

아니요.

__ 이 물질은 냄새가 나나요?

아니요.

__ 이 물질을 물에 넣으면 가라앉나요?

아니요.

__ 이 물질은 금보다 딱딱한가요?

아니요.

__ 이 물질은 0℃에서 고체로 상태가 변하나요?

예.

__ 선생님! 스무 번의 질문을 다 하기 전에 답을 맞혀도 되나요?

그럼요.

__ 상자 안에는 얼음이 들어 있어요.

맞아요! 스무 번의 질문을 다 하기도 전에 이 물질이 무엇인지 알아맞히다니! 여러분은 정말 똑똑한 것 같아요.

그럼, 여러분이 했던 질문을 다시 생각해 볼게요. 이 물질의 맛, 부피, 질량, 온도, 냄새, 뜨고 가라앉음, 굳기, 어는점에 대한 질문을 했어요. 뜨고 가라앉음은 밀도에 의해 결정되지요.

여러분이 상자 안의 물질에 대한 질문을 할 때, 질량, 부피, 온도 등을 궁금하게 여겼다는 것은 질량, 부피, 온도 등도 물질의 특징을 설명할 수 있다고 생각했기 때문이에요. 그런데 왜 앞에서 내가 질량, 부피, 온도 등은 물질의 특성이라고 설명하지 않았을까요? 그 이유는 질량, 부피, 온도 등은 그 물

과학자의 비밀노트

부피와 질량, 무게는 각각 어떻게 다를까?

부피는 물질이 차지하는 공간의 크기를 말하는데, 보통 mL(밀리리터), L(리터), cm³(세제곱센티미터), cc(씨씨) 등으로 나타낸다. 1L는 1,000mL와 같고, 1mL는 1cm³와 같다.

질량은 물질의 고유한 양을 말한다. 그래서 측정하는 장소나 물질의 상태에 관계없이 일정하다. 질량은 kg(킬로그램), g(그램), mg(밀리그램) 등으로 나타내는데, 1kg은 1,000g과 같고, 1g은 1,000mg과 같다.

무게는 물체에 작용하는 중력의 크기를 말하며, 측정하는 장소에 따라 그 값이 달라진다. 무게는 kgf(킬로그램중), N(뉴턴) 등으로 나타내는데, 1kgf이란 질량이 1kg인 물체의 무게를 말한다. 1kgf는 약 9.8N에 해당한다. 달의 중력은 지구의 $\frac{1}{6}$이므로, 달에서 무게를 측정하면 지구에서 측정한 무게보다 훨씬 작은 값이 나온다.

질만이 가지고 있는 고유한 성질이 아니기 때문이에요. 이들이 왜 물질의 특성이 아닌지 알아볼게요.

여러분, 얼음의 온도는 몇 ℃일까요?

― 0℃이지요.

1기압 하에서 물은 0℃에서 얼기 시작해요. 그런데 얼음의 온도가 항상 0℃는 아니랍니다. 주위의 온도가 영하가 되면, 얼음의 온도도 0℃보다 낮아질 수 있어요. ―5℃의 얼음도 존재할 수 있고, ―10℃의 얼음도 존재할 수 있지요. 그리고 같은 얼음이라도 그 양이 많으면 질량이나 부피가 크고, 그 양이 적으면 질량이나 부피가 작아요. 부피나 질량, 무게, 길이, 넓이 등의 요소는 물질의 양에 따라 충분히 달라질 수 있다는 것입니다.

이뿐만 아니라 물질이 상태 변화를 하면 부피는 아주 많이 달라지지요. 즉, 부피나 질량, 무게, 길이, 넓이, 온도 등은 같은 물질이라도 그 양이나 물질의 상태 등에 따라 그 값이 달라지기 때문에 물질의 특성이 될 수 없어요. 물질을 설명하는 여러 가지 성질을 물질의 특성인 것과 물질의 특성이 아닌 것으로 구분할 수 있습니다.

물질이 가지고 있는 성질을 크기 성질과 세기 성질로 구분할 수도 있어요. 질량이나 길이, 넓이, 부피 등과 같이 물질

물질의 특성인 것	물질의 특성이 아닌 것
겉보기 성질 맛 색깔 냄새 촉감 결정 모양 굳기 광택 끓는점 녹는점 어는점 용해도 밀도	질량 부피 무게 길이 넓이 온도

의 양에 따라 그 수치가 변하는 성질을 크기 성질이라고 해요. 그리고 온도, 끓는점, 녹는점, 어는점, 밀도, 용해도 등과 같이 물질의 양이 달라져도 그 수치가 변하지 않는 성질을 세

기 성질이라고 하지요. 세기 성질은 온도를 제외하고 대부분 물질의 특성에 해당합니다.

크기 성질	세기 성질
질량, 길이, 넓이, 부피 등	온도, 끓는점, 녹는점, 어는점, 밀도, 용해도 등

우리는 지금부터 물질의 특성에 대해 자세히 알아보려고 해요. 물질의 특성 중에서 끓는점과 녹는점, 어는점은 두 번째 수업에서, 밀도는 세 번째 수업에서, 용해도는 네 번째 수업에서 살펴보기로 해요.

순물질과 혼합물

수업을 시작한 지 꽤 지나서인지 몸이 찌뿌드드하지요? 이리저리 움직이면서 몸을 약간 풀어 볼까요? 자, 모두 일어나 보세요.

여기 큰 원이 여러 개 있습니다. 위쪽의 왼쪽 원에는 여학생들이, 오른쪽 원에는 남학생들이 들어가 보세요. 우리 반

친구들의 여학생과 남학생 비율이 딱 좋군요. 이번에는 여학생 중에서 치마를 입은 학생은 그 아래의 왼쪽 원으로, 치마를 입지 않은 학생은 아래의 오른쪽 원으로 이동해 보세요. 그리고 남학생 중에서 안경을 쓴 학생은 그 아래의 왼쪽 원으로, 안경을 쓰지 않는 학생은 아래의 오른쪽 원으로 이동해 보세요.

__ 선생님! 앞으로 우리가 무엇을 할지 알겠어요.

하하, 우리가 무엇을 할 것 같은데요?

__ 무언가 분류하는 활동을 할 것 같아요!

맞아요. 나의 속마음을 읽었네요. 우리는 일상생활에서 특정한 기준을 이용하여 어떤 집단을 둘 이상으로 분류하고, 새롭게 분류된 집단을 또 새로운 기준으로 분류하고 있어요. 이렇게 분류를 하면 전체 집단의 특성과 집단을 구성하는 개체의 특성을 고루 알 수 있다는 장점이 있지요. 물질도 마찬가지예요. 지금부터 여러 가지 물질을 특정한 기준을 이용하여 분류해 볼게요.

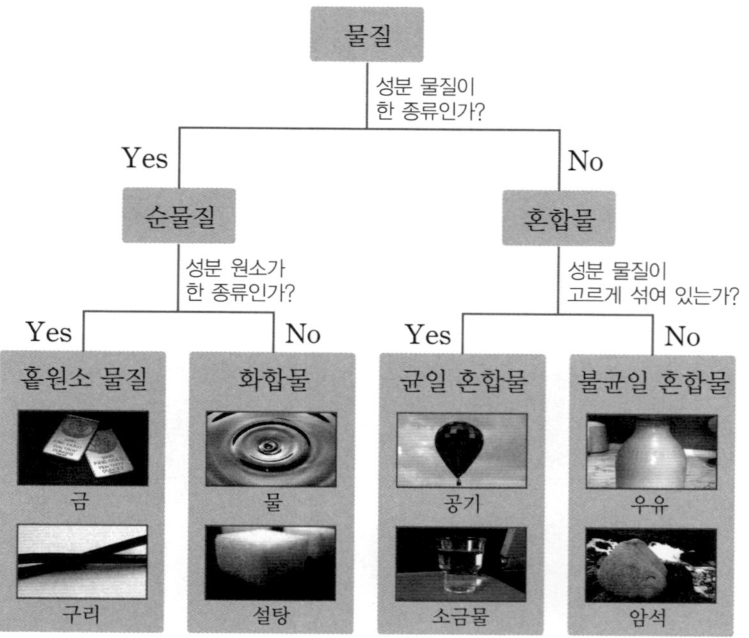

물질을 구성하는 성분 물질이 한 종류이면 순물질, 두 종류 이상이면 혼합물이라고 해요. 그리고 순물질을 구성하는 성분 원소가 한 종류이면 홑원소 물질, 두 종류 이상이면 화합물이라고 하지요. 혼합물 중에서도 성분 물질이 고르게 섞여 있으면 균일 혼합물, 고르지 않게 섞여 있으면 불균일 혼합물이라고 합니다. 예를 들어 금, 구리, 흑연, 수소 등은 홑원소 물질이고, 물, 설탕, 염화나트륨 등이 화합물이지요. 공기, 설탕물, 소금물 등은 균일 혼합물이고, 우유, 암석, 흙탕물 등은 불균일 혼합물입니다.

끓는점, 밀도, 용해도 등의 물질의 특성을 이용하면 혼합물도 순물질로 쉽게 분리할 수 있어요. 다섯 번째 수업에서는 끓는점을 이용한 혼합물의 분리와 밀도 차이를 이용한 혼합물의 분리에 대해 알아보고, 여섯 번째 수업에서는 용해도 차이를 이용한 혼합물의 분리와 크로마토그래피를 이용한 혼합물의 분리에 대해 알아볼게요. 여러분, 두 번째 수업에서는 무엇을 배운다고 했었는지 기억나나요?

＿ 끓는점, 녹는점, 어는점에 대해 알아본다고 하셨어요.

네, 잘 기억하고 있군요. 간단하게 설명을 하긴 했지만 끓는점, 녹는점, 어는점에도 많은 과학적 사실이 숨어 있답니다. 그럼 다음 수업도 기대해 주세요.

으악! 물이 왜 이러지? 이상한 냄새가 나고, 왜 벌써 부글부글 끓는 거야?
이런~. 그건 물이 아니라 에탄올이잖아요. 물질의 특성을 잘 알고 있었더라면 이런 실수는 하지 않았을 텐데요.
코코아

물질의 특성이요?
네. 예를 들어 수소와 산소는 다른 성질을 가지고 있는데, 이 기체들이 반응해서 만들어진 물은 전혀 새로운 성질을 가지고 있지요. 이렇듯 물질이 가지고 있는 고유한 성질을 물질의 특성이라고 한답니다.
수소 기체에 불을 붙이면 '펑'하는 소리와 함께 순식간에 타 버리지만,
산소 기체에 불을 붙이면 잘 타는군.
수소
산소
펑
활활
전기 분해 장치

그럼 물질의 특성엔 어떤 것들이 있지요?
우선 겉보기 성질이 있어요. 우리가 가진 감각 기관을 사용해서 알 수가 있는 특성들이에요.
겉보기 성질의 구분
색깔, 광택, 결정 모양
냄새
맛
촉감

그리고 직접 알 수 없지만 물질의 상태 변화가 일어나는 온도인 끓는점, 녹는점, 어는점도 물질의 종류에 따라 다르기 때문에 물질의 특성에 속한답니다.
아, 에탄올의 끓는점이 낮아서 빨리 끓은 거군요.
78℃ 에탄올 끓음.
78℃ 물 끓지 않음.

하지만 부피나 질량, 무게, 길이, 넓이, 온도 등은 같은 물질이라도 양이나 상태 등에 따라 그 값이 달라지기 때문에 물질의 특성이 될 수 없답니다.
그렇군요. 그런데 모든 물질이 물이나 에탄올처럼 한 가지 물질로만 이루어져 있지는 않잖아요?
물질의 특성인 것
겉보기 성질
맛 색깔 냄새 촉감 광택 굳기 결정 모양
끓는점 녹는점 어는점 밀도 용해도
물질의 특성이 아닌 것
질량 부피 길이 넓이 무게 온도

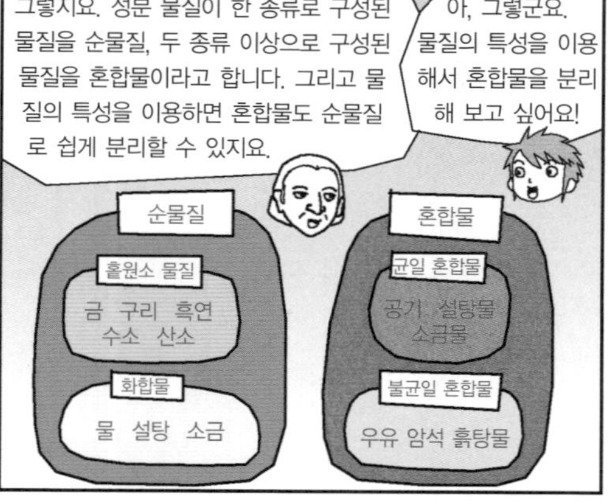
그렇지요. 성분 물질이 한 종류로 구성된 물질을 순물질, 두 종류 이상으로 구성된 물질을 혼합물이라고 합니다. 그리고 물질의 특성을 이용하면 혼합물도 순물질로 쉽게 분리할 수 있지요.
아, 그렇군요. 물질의 특성을 이용해서 혼합물을 분리해 보고 싶어요!
순물질
홑원소 물질
금 구리 흑연 수소 산소
화합물
물 설탕 소금
혼합물
균일 혼합물
공기 설탕물 소금물
불균일 혼합물
우유 암석 흙탕물

2

녹는점, 어는점, 끓는점

물질은 고체, 액체, 기체의 세 가지 상태로 존재합니다.
물질의 상태는 주위 환경의 변화에 따라 달라지는데,
물질의 상태가 변하는 온도에 대해 알아봅시다.

녹는점, 어는점, 끓는점

<table>
<tr><td>교.
과.
연.
계.</td><td>초등 과학 4-1
중등 과학 1
중등 과학 3
고등 화학 Ⅰ</td><td>4. 모습을 바꾸는 물
3. 상태 변화와 에너지
2. 물질의 특성
2. 물</td></tr>
</table>

캐번디시가 얼음과 물을 들고
두 번째 수업을 시작했다.

고체의 녹는점

여러분, 얼음과 물은 같은 물질일까요? 다른 물질일까요?

__ 얼음이 녹으면 물이 되니까 얼음과 물은 같은 물질일 것
같아요.

캐번디시는 얼음 조각이 든 비커를 가열했다. 얼음이 녹아 물로 변
했다.

 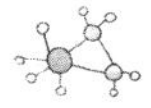

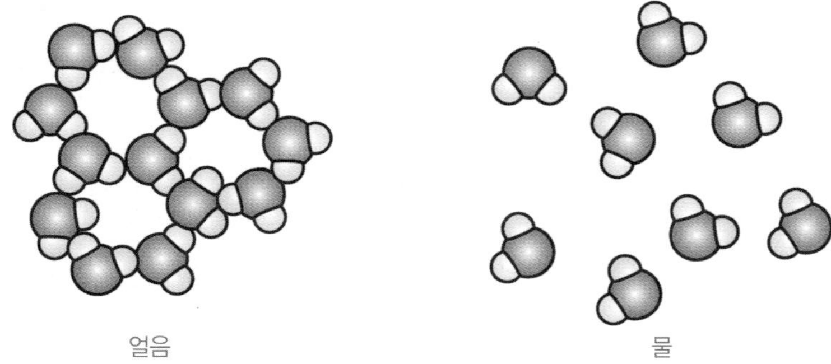

얼음과 물의 분자 구조

비커 안의 얼음이 녹으면 이렇게 물로 변하지요. 얼음이 녹으면서 얼음을 구성하고 있던 분자는 변하지 않기 때문에 얼음을 구성하는 분자와 물을 구성하는 분자는 같아요. 따라서 얼음과 물은 같은 물질이라고 할 수 있습니다. 다만 얼음과 물을 구성하는 분자의 배열이 서로 다를 뿐이지요. 그러면 얼음을 가열할 때 온도는 어떻게 변할까요?

__ 알코올램프의 불을 끄지 않는다면 온도는 계속해서 올라갈 것 같아요.

캐번디시는 칠판에 두 종류의 얼음의 가열 곡선을 그렸다. 학생들은 어느 그래프가 옳은지 토론했다.

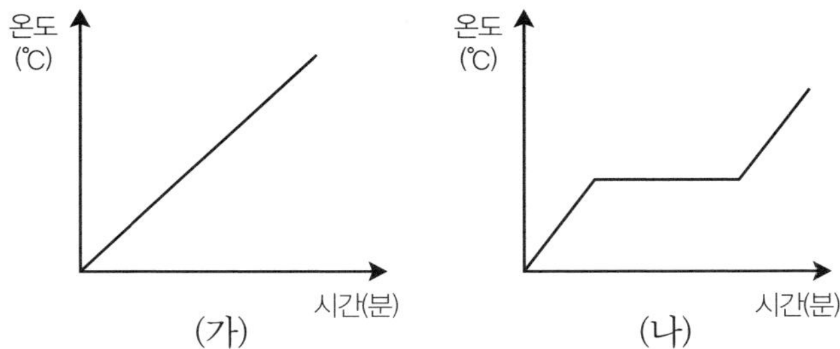

(가)는 얼음을 가열할수록 온도가 계속해서 증가하는 그래
프이고, (나)는 온도가 증가하다가 녹을 때는 온도가 일정해
지고 다 녹고 나서 다시 온도가 증가하는 그래프입니다. 두
그래프 중 얼음의 가열 곡선으로 옳은 것은 무엇일까요?

＿ (가) 그래프처럼 되지 않을까요?

얼음을 가열하면 당연히 얼음의 온도가 높아지겠지요? 하
지만 온도가 계속해서 높아지는 것은 아닙니다. 얼음이 녹는
동안에는 온도가 일정하게 유지되다가 다시 온도가 높아지
지요. 즉, 얼음의 가열 곡선에는 수평인 구간이 나타납니다.
가열을 멈춘 것도 아닌데, 왜 온도가 변하지 않고 수평인 구
간이 나타나는 것일까요?

얼음을 가열하는 동안 얼음을 구성하는 분자들의 변화를
살펴보면 그 이유를 알 수 있습니다. 얼음을 구성하는 물 분
자들은 고체 상태에서 매우 규칙적으로 배열되어 있어요. 얼

음을 가열하면 얼음을 구성하는 물 분자들이 열에너지를 흡수하여 분자 운동이 점차 활발해지면서 분자의 배열이 불규칙적으로 변합니다. 즉, 외부에서 공급한 열에너지가 고체에서 액체로 상태 변화하는 데 사용되기 때문에 온도가 변하지 않고 일정한 것이지요. 그리고 얼음이 모두 물로 상태 변화하면 다시 온도가 높아집니다.

여러분, 이제 얼음의 가열 곡선에 수평 구간이 나타나는 이유를 알겠지요? 얼음의 가열 곡선에서 수평한 부분에 해당하는 온도가 녹는점이지요. 녹는점이란 고체 상태의 물질이 액체로 변할 때 일정하게 유지되는 온도입니다.

캐번디시는 프라이팬에 같은 양의 설탕과 철가루를 올려 놓고 가열했다. 한참 후에 설탕은 녹았지만, 철가루는 녹지 않았다.

설탕과 철가루를 같은 세기의 화력으로 같은 시간 동안 가열했는데, 왜 설탕은 녹고 철가루는 녹지 않을까요?

＿ 철은 단단하니까 녹지 않은 것 같아요.

음……, 그 말도 완전히 틀린 것은 아니지만 좀 더 과학적으로 표현해 볼까요? 녹는점에서 분자에 일어나는 현상을 생각해 보면 쉽게 답할 수 있어요. 물질을 이루는 입자 사이에는 서로 끌어당기는 힘인 인력이 작용해요. 녹는점에서는 물질을 이루는 입자들이 입자 사이의 인력을 이기고 서로 멀어져요. 즉, 입자의 배열이 흐트러져서 상태가 변하지요.

설탕은 철에 비해 입자 사이의 인력이 약해서 우리가 공급해 준 열로도 상태 변화할 수 있지만, 철은 입자 사이의 인력이 매우 강해서 우리가 공급해 준 열로는 상태 변화하지 못합니다. 실제로 설탕의 녹는점은 200℃지만, 철의 녹는점은 1,500℃가 넘습니다. 설탕과 철처럼 종류가 다른 물질은 서로 다른 온도에서 녹지요. 다음 표는 여러 가지 물질의 녹는점을 나타낸 것이에요. 녹는점은 물질을 구성하는 입자 사이의 인력에 따라 달라지므로 물질의 특성에 속합니다.

여러 가지 물질의 녹는점

물질	녹는점(℃)	물질	녹는점(℃)
철	1,535	나트륨	97.8
구리	1,083.5	나프탈렌	80.3
염화나트륨	801	얼음	0
알루미늄	660	수은	−38.9
납	327.5	에탄올	−114.5
황	112.8	산소	−218.4

액체의 어는점

　지금까지 고체의 녹는점에 대해 살펴보았어요. 이번에는 반대로 액체를 고체로 냉각시키는 경우에 대해서 생각해 볼게요. 액체를 냉각시킬 때는 온도가 어떻게 변할까요?

　캐번디시는 칠판에 두 개의 그래프를 그렸다. 학생들이 이번에는 자신 있게 답할 준비를 하며 어깨에 힘을 줬다.

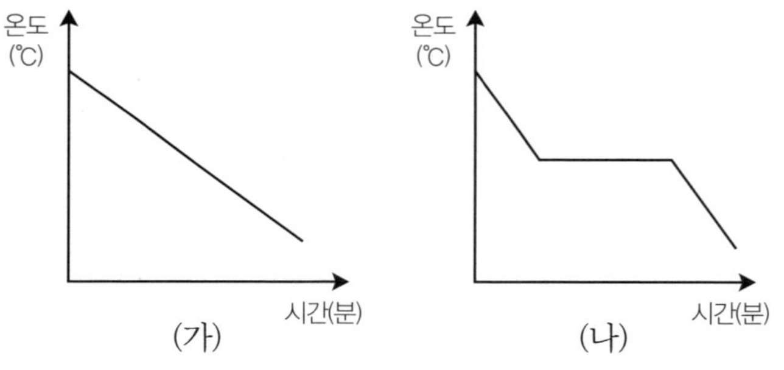

　여러분, 액체의 냉각 곡선이 어떻게 나타날까요?

　＿(나) 그래프처럼 나타날 것 같아요.

　잘 예측했어요. 액체를 냉각시킬 때도 온도가 변하지 않고 일정한 구간이 나타날 거예요. 왜 그런지 생각해 볼까요?

액체를 냉각시키면 액체 물질이 주위로 열에너지를 **빼앗기**기 때문에 액체의 온도가 점점 내려갑니다. 액체가 고체로 변할 때 일정하게 유지되는 온도인 어는점에서는 액체가 아주 많은 양의 열에너지를 내놓기 때문에 온도가 더 이상 변하지 않고 일정하지요.

어는점에서는 액체의 분자 운동이 서서히 둔해지면서 분자 배열이 규칙적으로 변하고, 분자 사이의 인력이 점점 강해져서 고체로 상태 변화가 일어납니다. 고체 상태로 변하고 나면 주위의 온도와 같은 온도가 될 때까지 다시 열에너지를 방출하기 때문에 온도는 다시 내려갑니다. 즉, 액체 물질을 냉각시키면 온도가 점점 내려가다가 어는점에서 일정해지고, 모두 얼고 나면 온도가 다시 내려가는 것이지요. 이때, 일정하게 유지되는 온도를 어는점이라고 합니다.

캐번디시는 나프탈렌의 가열 장치와 냉각 장치를 준비했다. 캐번디시는 시험관에 나프탈렌을 조금 넣고, 시험관의 입구를 온도계를 꽂은 고무마개로 막았다. 그리고 시험관을 물이 담긴 비커에 넣고 물을 가열했다. 학생들은 캐번디시와 함께 나프탈렌의 온도 변화를 1분 간격으로 측정했다. 물의 온도가 높아짐에 따라 나프탈렌은 점점 녹아 액체가 되었다. 캐번디시는 나프탈렌 액체를 얼음과 소금

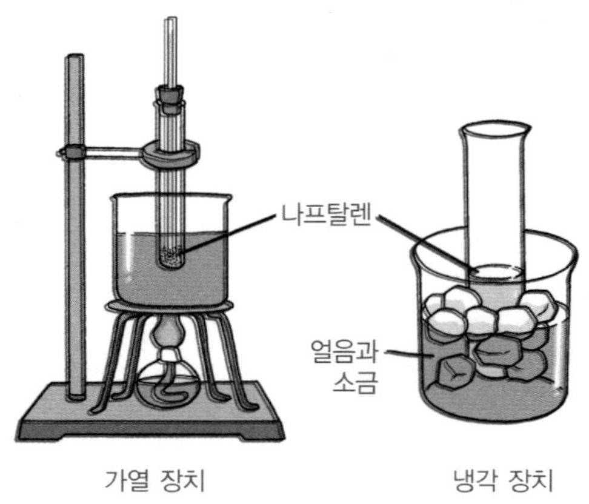

이 든 비커에 꽂았다. 학생들은 이번에도 액체 나프탈렌의 온도 변화를 1분 간격으로 측정했다.

여러분, 비교적 긴 시간 동안 온도계의 눈금을 읽느라 수고 많았습니다. 온도에 따라 나프탈렌의 변화를 관찰하는 아주 소중한 시간이었어요. 오른쪽 페이지의 그래프는 우리의 실험 결과를 나타낸 것이에요.

그래프를 온도 변화의 양상에 따라 (가)~(마)의 다섯 구간으로 나누어 볼게요. 각 구간마다 나프탈렌의 상태에 대해 알아봅시다. (가)는 고체 상태, (나)는 고체와 액체가 함께 존재하는 상태, (다)는 액체 상태, (라)는 고체와 액체가 함께 존

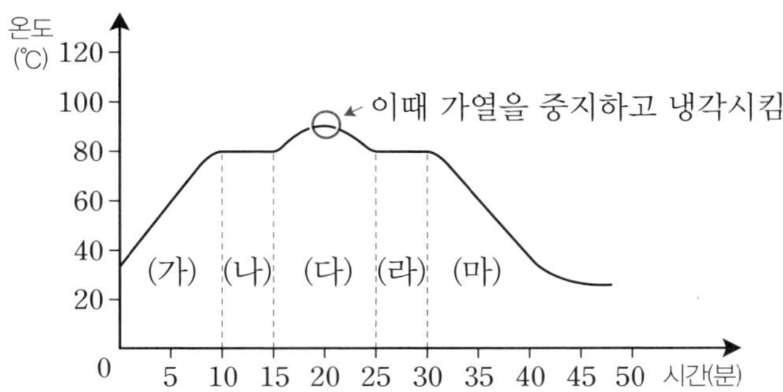

재하는 상태, (마)는 고체 상태이지요.

(나)의 수평인 구간의 온도는 녹는점이고, (라)의 수평인 구간의 온도는 어는점이지요. 나프탈렌의 녹는점과 어는점은 80.3℃로 같습니다.

액체의 끓는점

고체 상태의 물질을 가열하면 녹는점에서 액체 상태로 변하지요. 그러면 액체를 계속 가열하면 어떻게 될까요?

캐번디시는 비커에 물을 담고 알코올램프로 가열했다. 캐번디시와

학생들은 1분 간격으로 온도를 측정했다. 물의 온도는 점점 올라가다가 끓기 시작하면서 일정해졌다.

이것이 바로 물의 가열 곡선이에요. 물의 가열 곡선을 한번 살펴볼까요?

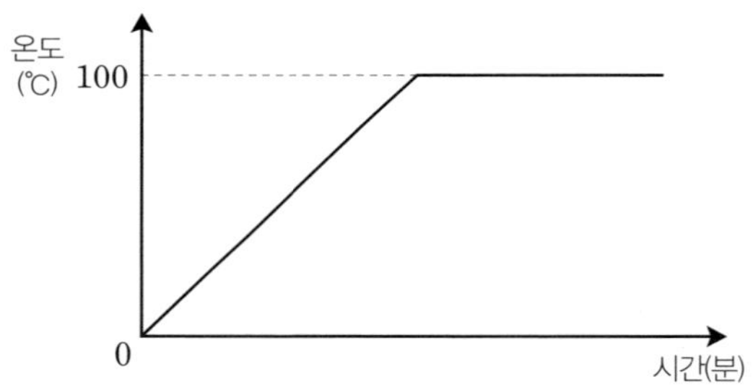

온도가 점점 올라가다가 100℃ 근처에서 일정해지네요. 여러분, 100℃ 근처에서 어떤 현상이 나타났나요?

__ 물이 부글부글 끓었어요.

물이 끓는다는 것은 액체 상태의 물이 기체 상태로 변하는 것이지요. 그런데 왜 알코올램프의 불을 끄지 않았는데도 온도가 일정하게 유지될까요?

액체가 기체로 상태 변화하는 동안 일정하게 유지되는 온도를 끓는점이라고 합니다. 끓는점에서는 외부에서 공급한 열에너지를 분자 사이의 인력을 이기고 상태 변화하는 데 사용하기 때문에 온도가 일정하지요.

만약 좀 더 강한 불꽃의 알코올램프로 같은 양의 물을 같은 시간 동안 가열하면 온도는 어떻게 변할까요?

＿ 좀 더 강한 불꽃으로 가열하면 물이 100℃보다 더 높은 온도에서 끓을 것 같아요.

캐번디시는 강한 불꽃과 약한 불꽃을 내는 알코올램프에 불을 붙이고 같은 양의 물을 같은 시간 동안 가열했다. 학생들은 양쪽 비커에 든 물의 온도 변화를 관찰했다.

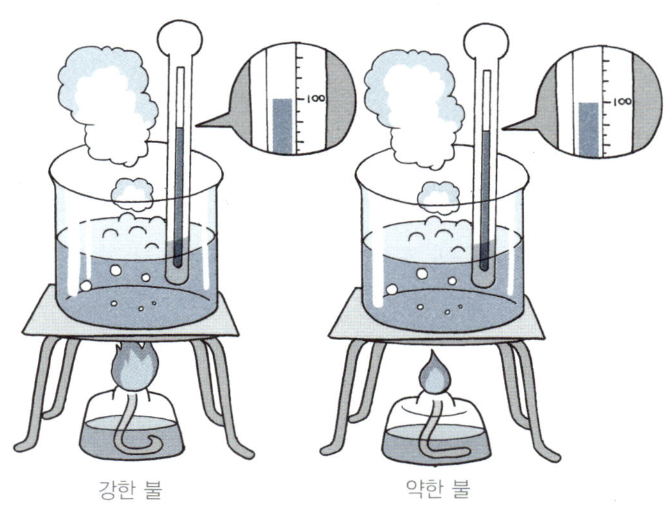

강한 불　　　　　약한 불

두 비커에 들어 있는 물이 각각 끓는점에 도달하여 물의 온도가 일정해졌군요! 다음의 그래프를 보면, 두 비커에 들어 있는 물의 끓는점이 모두 100℃라는 것을 알 수 있습니다.

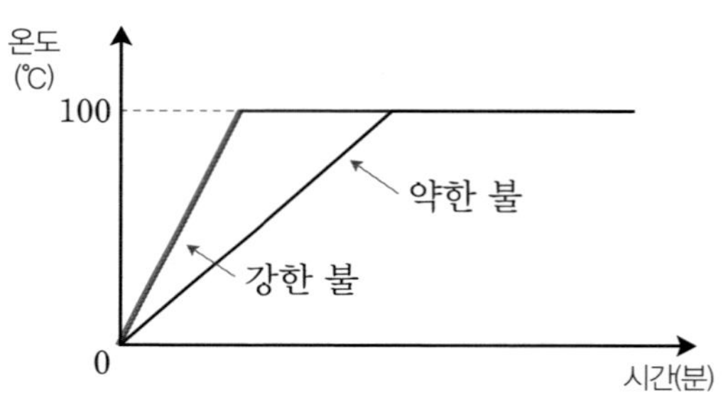

불꽃 세기에 따른 물의 끓는점

물이 기체로 상태 변화하는 데 외부에서 공급해 준 열에너지를 사용하기 때문에 물의 온도가 100℃보다 높아지지 않는 것입니다. 다만 강한 불꽃으로 가열할 때는 물이 100℃에 도달하는 데 걸리는 시간이 짧지요. 약한 불꽃으로 가열할 때에는 물이 100℃에 도달하는 데 걸리는 시간이 상대적으로 길고요.

이번에는 물의 양에 따른 끓는점의 변화를 알아볼게요. 여러분은 어떤 결과가 나올 것 같나요? 적은 양의 물을 가열했을 때 물의 끓는점은 어떻게 변할까요?

___ 이번에도 물의 양과 상관없이 물의 끓는점은 100℃로 같을 것 같아요.

캐번디시는 많은 양의 물과 적은 양의 물을 같은 세기의 불꽃으로 같은 시간 동안 가열했다. 학생들은 물의 온도 변화를 주의 깊게 기록했다.

다음 페이지의 그래프는 100g의 물과 200g의 물을 가열할 때 시간에 따른 온도 변화를 나타낸 거예요. 역시 여러분의 예상이 맞았어요. 물의 양에 관계없이 물의 끓는점은 100℃로 일정하게 나타나는군요. 물의 양이 적으면 끓는점에 도달

하는 데 걸리는 시간이 짧고, 물의 양이 많으면 끓는점에 도
달하는 데 걸리는 시간이 길 뿐이지요.

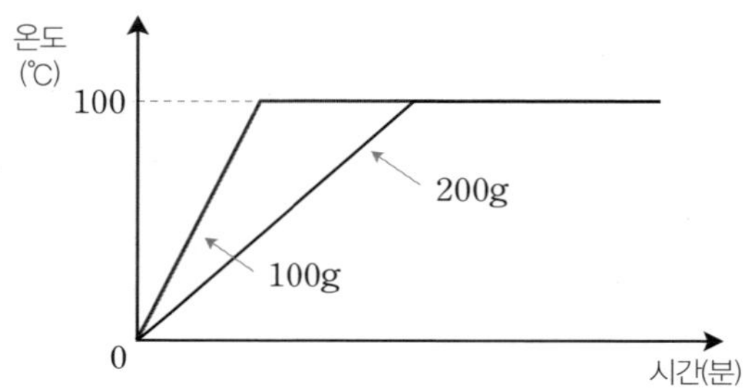

우리는 두 가지 실험을 통해 물의 끓는점은 물의 양이나 불
꽃의 세기와 관계없이 항상 100℃라는 것을 알 수 있었어요.
그러면 에탄올의 끓는점은 몇 ℃일까요? 에탄올은 물보다 훨
씬 낮은 온도인 78℃에서 끓어요. 왜 에탄올의 끓는점은 물
의 끓는점보다 낮을까요?

물과 에탄올뿐만 아니라 모든 물질은 종류에 따라 끓는점
이 달라요. 그래서 끓는점은 물질의 특성이 되지요. 여러 가
지 물질의 끓는점이 다른 이유는 물질을 이루는 분자 사이의
인력의 세기가 물질의 종류에 따라 다르기 때문이에요. 분자
사이의 인력이 강한 물질은 높은 온도에서 끓고, 분자 사이
의 인력이 약한 물질은 낮은 온도에서 끓습니다.

　다음 표는 여러 가지 물질의 끓는점을 나타낸 것이에요. 끓는점은 물질을 구성하는 입자 사이의 인력에 따라 달라지므로 물질의 특성에 속합니다.

여러 가지 물질의 끓는점

물질	산소	질소	뷰테인	에탄올	물
끓는점(℃)	−183	−195.8	−0.5	78.3	100
물질	아세트산	염화나트륨	납	구리	금
끓는점(℃)	118	1,413	1,744	2,562	2,856

과학자의 비밀노트

섭씨온도, 화씨온도, 절대온도란?

섭씨온도란 1기압 하에서 순수한 물이 어는 온도를 0℃, 순수한 물이 끓는 온도를 100℃로 하여 그 사이를 100등분하고 간격을 1℃로 하여 나타낸 온도를 말한다. 1742년 스웨덴의 셀시우스(Anders Celsius, 1701~1744)가 만든 온도로 국제적으로 가장 많이 통용되고 있다.

화씨온도란 1기압 하에서 순수한 물이 어는 온도를 32℉, 순수한 물이 끓는 온도를 212℉로 하여 그 사이를 180등분하고 간격을 1℉로 하여 나타낸 온도를 말한다. 화씨온도는 1714년 독일의 파렌하이트(Gabriel Fahrenheit, 1686~1736)가 만들었다.

절대온도란 분자 운동이 완전히 멈추는 온도인 −273.15℃를 절대온도의 0K로 청하고, 섭씨온도와 같은 온도 간격으로 나눈 온도를 말한다. 절대온도(K)는 '섭씨온도(℃)+273.15'의 식으로 구할 수 있다.

물이 끓으면 기체가 되어 공기 중으로 흩어지지요. 기체 상태의 물을 뭐라고 할까요?

＿ 수증기라고 해요.

네, 맞아요. 물이 끓어 수증기로 변할 때 일정하게 유지되는 온도인 물의 끓는점은 몇 ℃라고 했지요?

＿ 100℃입니다.

네, 잘 대답했어요. 그런데 물이 100℃에서만 수증기로 변할 수 있는 것은 아니랍니다. 물이 수증기로 상태가 변하는 현상을 기화라고 하는데, 기화는 다음과 같은 두 가지 경우에 일어납니다.

첫째는 물의 끓음 현상에 의한 기화예요. 앞에서 이야기했다시피 물을 끓이면 물이 기체로 상태 변화하면서 기화 현상이 일어납니다.

둘째는 증발에 의한 기화예요. 증발이란 액체의 표면에서 액체가 기체로 상태 변화하는 현상을 말합니다. 젖은 빨래가 마르거나 컵에 담아 놓은 물의 수면이 점점 낮아지는 것은 모두 물의 증발 때문이에요. 증발은 액체 표면에서의 기화이고, 100℃보다 낮은 온도에서도 잘 일어나지요. 반면에 끓음

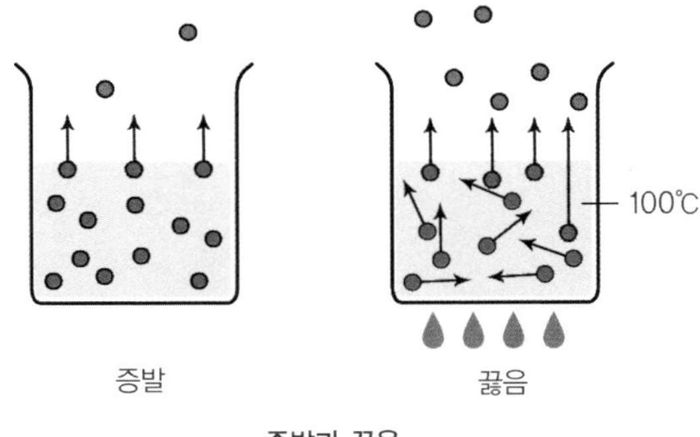

증발과 끓음

은 액체의 표면과 내부에서의 기화이고, 1기압, 100℃에서 일어납니다.

캐번디시는 둥근바닥 플라스크에 물을 $\frac{1}{3}$ 정도 넣고 가열하여 물이 끓었을 때 가열을 중단했다. 그리고 둥근바닥 플라스크의 입구를 고무마개로 막고 뒤집어 고정시켰다. 물이 더 이상 끓지 않을 때 둥근바닥 플라스크에 얼음 주머니를 올려 놓았다. 잠시 후에 둥근바닥 플라스크 안의 물이 갑자기 끓기 시작했다.

여러분, 끓지 않던 물이 왜 갑자기 끓었을까요? 우리가 물을 가열한 것도 아닌데 말이지요. 물의 끓음은 1기압, 100℃에서 일어난다고 했는데, 어떻게 100℃보다 낮은 온도에서

도 끓은 것일까요?

  __ 선생님, 잘 모르겠어요. 힌트를 주세요.

네, 알겠습니다. 내가 우리 눈에 보이지 않는 현상에 대해 설명할 테니 눈을 감고 한번 상상해 보세요! 둥근바닥 플라스크 안에는 무엇이 들어 있나요?

  __ 물이 들어 있어요.

물 외에 또 무엇이 들어 있지요?

  __ 공기가 있어요.

둥근바닥 플라스크의 공기 중에는 우리 눈에 보이지 않는 수많은 수증기 분자가 있어요. 둥근바닥 플라스크 위에 얼음 주머니를 올려놓으면 수증기가 열을 방출하면서 액화되어 물로 변해요. 그러면 둥근바닥 플라스크 안의 기체 분자의 수가 줄어드니까 기압이 낮아집니다. 기압이란 공기의 압력을 뜻한다는 것쯤은 여러분도 잘 알고 있겠지요? 그래서 공기가 둥근바닥 플라스크 안의 물에 가하는 압력이 작아지므로 물 분자가 외부 압력을 이기고 기화되기 쉬워지지요. 따라서 물이 100℃보다 낮은 온도에서도 끓을 수 있는 거예요. 이 실험을 통해 외부 압력이 낮아지면 끓는점이 낮아진다는 것을 알 수 있지요.

지표면을 떠나 위로 올라갈수록 기압은 낮아집니다. 그래

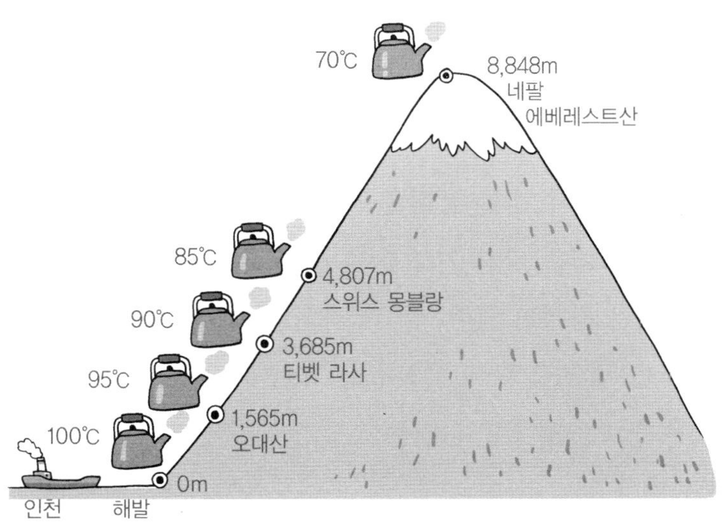

높이에 따른 물의 끓는점의 변화

서 높은 산에서는 100℃보다 훨씬 낮은 온도에서 물이 끓지요. 만약 높은 산에서 밥을 지으면 어떻게 될까요? 높은 산에서는 기압이 낮아서 물의 끓는점이 낮아지므로 밥이 설익겠지요? 이러한 경우에 어떻게 하면 물의 끓는점을 높일 수 있을까요?

__ 압력을 높이면 될 것 같은데…….

네. 외부 압력이 낮아지면 끓는점이 낮아지니까 외부 압력을 높이면 끓는점이 높아지겠지요? 그래서 산에서 밥을 할 때는 냄비 안의 내부 압력을 높이기 위해 냄비 뚜껑 위에 돌을 올려놓는답니다.

이러한 원리를 이용한 것이 바로 압력 밥솥이에요. 압력 밥솥으로는 일반 솥보다 내부 압력을 높인 상태에서 조리할 수 있어요.

압력 밥솥이 내부 압력을 높이는 원리는 무엇일까요? 솥 안에 음식물을 넣고 가열하면 물이 끓어 수증기가 되는데, 일반 솥은 뚜껑과 냄비 사이에 틈이 있어서 이 수증기의 상당수가 솥 밖으로 빠져나가지요. 그런데 압력 밥솥은 뚜껑과 냄비 사이에 틈이 없어 밀폐돼 있기 때문에 조리 중에 발생한 수증기가 밖으로 빠져나가지 못하고 밥솥 내부에서 활발하게 운동하는 것입니다.

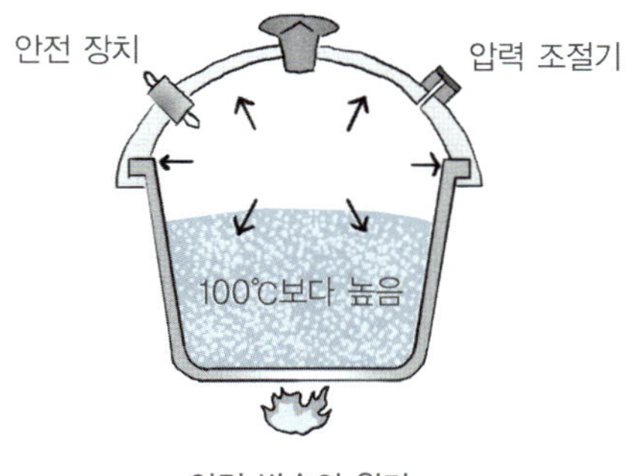

압력 밥솥의 원리

그래서 물을 담은 압력 밥솥을 가열하면, 물이 기화해 압력 밥솥 내부의 기체 분자 수가 증가하므로 물 위쪽에 있는 공기의 압력이 커지지요. 그리고 압력 밥솥 안의 물에 미치는 압력이 커지므로 물 분자들이 기화하기 위해 더 많은 열에너지가 필요해지는 것입니다. 그래서 압력 밥솥 안에서는 물이 100℃보다 훨씬 높은 온도에서 끓지요.

녹는점, 끓는점과 물질의 상태

녹는점과 끓는점만 알면 물질이 상온에서 어떤 상태로 존재하는지 알 수 있어요. 물질은 녹는점보다 낮은 온도에서는

고체 상태로, 녹는점보다 높고 끓는점보다 낮은 온도에서는 액체 상태로, 끓는점보다 높은 온도에서는 기체 상태로 존재하지요.

나프탈렌이나 철과 같이 물질의 녹는점과 끓는점이 상온보다 높으면 상온에서 고체 상태로 존재합니다. 그리고 에탄올이나 물과 같이 끓는점이 상온보다 높고, 녹는점이 상온보다 낮으면 상온에서 액체 상태로 존재하지요. 산소나 질소처럼 끓는점이 상온보다 낮은 물질은 상온에서 기체 상태로 존재합니다.

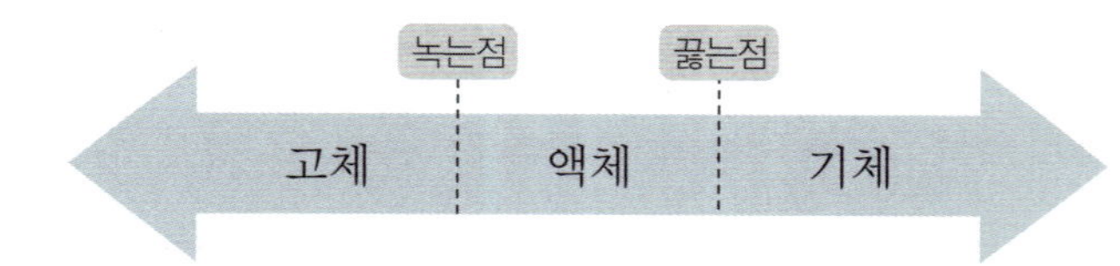

상태	고체	액체	기체
조건	상온 < 녹는점, 끓는점	녹는점 < 상온 < 끓는점	녹는점, 끓는점 < 상온

다음 표와 같이 물질의 종류에 따라 녹는점과 끓는점이 모두 다르므로 녹는점과 어는점, 끓는점이 물질의 특성이 된다는 것을 잊지 마세요!

여러 가지 물질의 녹는점과 끓는점

구분	녹는점(℃)	끓는점(℃)	구분	녹는점(℃)	끓는점(℃)
산소	−218.4	−183	수은	−38.9	356.6
수소	−259.1	−252.8	나프탈렌	80.3	218
질소	−209.9	−195.8	납	327.5	1,744
에탄올	−114.5	78.3	염화나트륨	801	1,413
물	0	100.0	철	1,535	2,750

이번 시간에 우리는 끓는점, 어는점, 녹는점에 대해 알아보았어요. 재미있는 실험도 있었고, 실생활에 이용할 수 있는 과학적 사실도 있었지요? 앞으로 계속해서 물질의 특성에 대해 공부하다 보면 일상생활 속에서 과학적 원리로 설명할 수 없는 현상을 찾기가 더 어려워질지도 모른답니다.

다음 수업 시간을 기대해도 좋습니다. 나는 더 유익하고, 재미있는 내용의 수업을 준비할 테니, 여러분은 오늘 알아본 과학 원리를 일상생활 속에서 또 어떻게 응용할 수 있을지 생각해 보세요. 그럼 다음 시간에 만나요.

아~, 시원해. 박사님, 이 얼음이 녹으면 물이 되잖아요. 그럼 물과 얼음은 같은 물질인 건가요?
오호~, 얼음물을 마시며 그런 생각을 하다니 기특하네요. 네, 철이 군의 생각이 맞습니다.
녹차 1,000원
아이스커피 1,500원
cafe
cafe

얼음이 녹으면 얼음을 구성하고 있던 분자 자체는 변하지 않고 분자들의 배열만 변해서 물과 같은 액체 상태가 되는 것입니다. 그렇기 때문에 얼음과 물은 같은 물질이라고 할 수 있지요.
분자 자체가 변하지 않으면 물질이 변하지 않는 거군요.
물 분자
우리는 같은 물질이야.

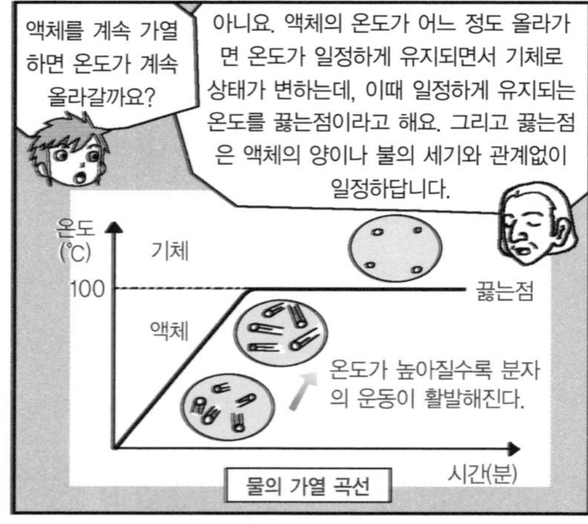
고체 상태의 물질이 액체로 상태 변화할 때 일정하게 유지되는 온도를 녹는점이라고 하고, 반대로 액체가 냉각되어 고체로 상태 변화를 할 때 일정하게 유지되는 온도를 어는점이라고 해요.
온도 (℃)
80
가열 중지
녹는점
어는점
고체
고체 + 액체
액체
고체 + 액체
고체
시간(분)
나프탈렌 가열 곡선
액체를 계속 가열하면 온도가 계속 올라갈까요?
아니요. 액체의 온도가 어느 정도 올라가면 온도가 일정하게 유지되면서 기체로 상태가 변하는데, 이때 일정하게 유지되는 온도를 끓는점이라고 해요. 그리고 끓는점은 액체의 양이나 불의 세기와 관계없이 일정하답니다.
온도 (℃)
기체
100
끓는점
액체
온도가 높아질수록 분자의 운동이 활발해진다.
물의 가열 곡선
시간(분)

끓는점은 항상 일정한가요?
그렇지는 않아요. 압력에 따라 달라져요. 외부 압력이 작아지면 액체 분자가 외부 압력을 이기고 기화되기 쉬워지겠지요? 따라서 외부 압력이 낮아지면 끓는점이 낮아지지요.
압력이 낮은 경우
압력이 높은 경우
얼음 주머니
압력 밥솥
끓는점이 낮아진다.
끓는점이 높아진다.

알겠어요. 그런데 접시에 물을 담아 두면 끓지 않아도 물이 증발해 버리잖아요. 그건 끓는점과 상관이 없는 건가요?
네. 끓음은 액체의 표면과 내부에서 기화가 일어나지만 증발은 끓는점보다 낮은 온도에서 액체의 표면에서만 기화가 일어난다는 차이가 있습니다.
표면에 있는 분자만 기화해.
야호! 우리는 속에 있는 분자도 기화할 수 있어!
증발
끓음

3

밀도

어떤 물질은 물에 뜨고, 어떤 물질은 가라앉습니다.
물질의 뜨고 가라앉음은 무엇에 의해 결정되는지 알아봅시다.

세 번째 수업

밀도

캐번디시는 얼음 조각과 물, 식용유를 들고
세 번째 수업을 시작했다.

푹푹 찌는 날이군요. 오늘은 올해 들어 제일 기온이 높은 날이라고 합니다. 휴~, 내가 태어난 영국은 지금쯤 비가 내리고 있겠군요. 영국은 비가 정말 자주 오지요. 여름에도 항상 습한 날의 연속이랍니다. 한국의 오늘과 같은 여름 날씨는 뭐랄까…… 햇살이 뜨겁긴 하지만 습하지 않아서 기분 좋은 더위라고 느껴지는군요. 여러분은 오늘과 같은 더운 여름 날에 어떤 음식을 즐겨 먹나요?

＿ 아이스크림이나 팥빙수를 먹어요.

＿ 차가운 음료수를 마시면 온몸이 시원해져요.

＿ 저는 뜨거운 삼계탕을 먹어요. 이열치열이지요.

오! 이렇게 더운 여름에 뜨거운 삼계탕을 먹다니, 서양에서 온 나는 이해할 수 없지만 그런 방법도 있군요. 나는 그냥 얼음 조각을 띄운 생수를 즐겨 마셔요. 너무 시시한가요?

여기에 얼음 조각을 띄운 생수가 있어요. 잘 보세요! 얼음 조각이 물에 떠 있지요? 이번에는 이 얼음물에 식용유를 넣어 볼게요. 얼음 조각은 식용유에 뜰까요? 가라앉을까요?

＿ 물 위에 뜨니까 식용유에도 뜰 것 같아요.

＿ 얼음 조각의 크기에 따라 다를 것 같아요. 큰 얼음 조각은 가라앉지만, 작은 얼음 조각은 뜰 것 같아요. 큰 얼음 조각은 무거우니까요.

캐번디시는 얼음 조각과 물이 들어 있는 컵에 식용유를 넣었다. 학생들은 큰 얼음 조각과 작은 얼음 조각이 모두 식용유와 물 사이에

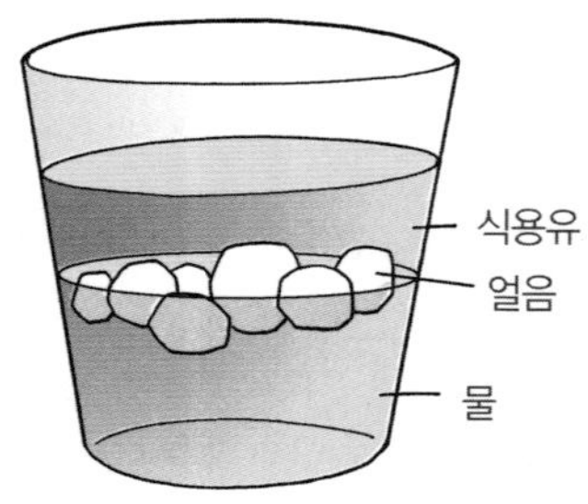

위치하고 있는 것을 보고 의아해했다.

왜 물에는 둥둥 뜨던 얼음 조각이 식용유에는 크기에 상관없이 모두 뜨지 않는 걸까요? 이번 수업에서는 이 문제를 해결하기 위한 열쇠를 찾아보려고 해요. 자, 시작해 볼까요?

부피 구하기

물체를 만드는 데 필요한 재료를 물질이라고 해요. 많은 물질은 공간을 차지하고 있어요. 물질이 차지하고 있는 공간의 크기를 부피라고 하지요. 여기에 있는 물, 얼음, 식용유도 공간을 차지하고 있고, 눈에 보이지 않는 공기도 공간을 차지하고 있어요.

그렇다면 물질이 차지하고 있는 공간의 크기를 어떻게 나타낼 수 있을까요? 부피의 단위에는 L, mL, cc가 있어요. 일상생활에서 부피를 어떻게 사용하고 있는지 이야기해 볼까요?

＿＿ 우유에 200mL 혹은 1L로 용량이 표시된 것을 봤어요.

＿＿ 저는 동생의 약 봉투에서 시럽은 한 번에 3cc씩 먹으라

는 글귀를 봤어요.

＿ 저희 아빠는 차에 휘발유를 넣을 때 L당 100원씩 할인되는 신용카드를 사용하세요.

잘 대답했어요. 1L는 한 변의 길이가 10cm인 정육면체의 부피인 1,000cm^{3}와 같아요. 그리고 1,000cm^{3}는 1,000mL와 같지요. 1mL는 한 변의 길이가 1cm인 정육면체의 부피인 1cm^3 혹은 1cc와 같아요. 부피를 나타내는 단위에 대해 알았으니 이제 직접 부피를 측정해 볼게요.

먼저 여러 가지 액체의 부피를 측정하는 방법에 대해 알아볼게요. 액체의 부피를 측정할 때는 눈금실린더를 이용합니다. 눈금실린더를 수평한 곳에 놓고, 액체가 눈금실린더의 벽면을 타고 흘러내리도록 하면서 액체를 부으세요. 그리고

액체의 부피 측정

액체의 표면과 우리 눈의 위치가 수평이 되도록 하여 액체의 표면과 일치하는 눈금을 읽으면 됩니다. 만약 일정한 양의 액체를 눈금실린더에 담아야 할 경우에는 일단 대략적인 양의 액체를 눈금실린더에 붓고 스포이트를 이용하여 액체를 조금씩 더 넣으면 됩니다.

다음으로 고체의 부피를 재어 볼까요? 모양이 일정한 고체의 부피는 수학 시간에 배운 입체 도형의 부피를 구하는 공식을 이용하면 쉽게 구할 수 있어요.

__ 밑넓이에 높이를 곱하는 것이 기본이지요.

그러면 모양이 일정하지 않은 고체의 부피는 어떻게 측정할 수 있을까요? 돌멩이와 같이 모양이 일정하지 않으면서 물에 녹지 않고 가라앉는 물체는 물이 가득 찬 비커에 물체를

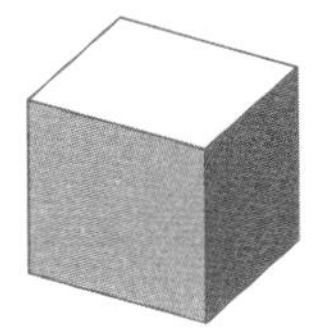

부피＝(변의 길이)^3

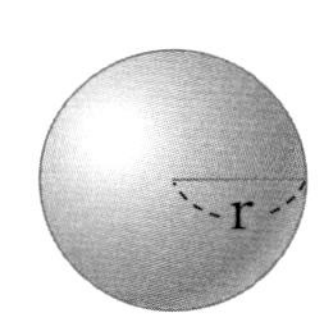

부피＝$\frac{4}{3} \times \pi \times r^3$

r＝반지름
π＝원주율(3.14)

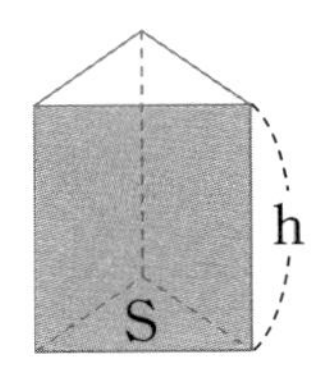

부피＝S×h

h＝높이
S＝밑넓이

넣어 보면 부피를 알 수 있습니다. 물체를 넣었을 때 넘치는 물의 양의 부피가 바로 그 물체의 부피와 같기 때문이지요. 이 방법을 이용하여 아르키메데스(Archimedes, B.C. 287? ~ B.C. 212)는 왕관이 순금으로 만들어졌는지를 알아낼 수 있었어요. 아르키메데스의 이야기는 뒤에서 다시 하기로 해요.

그리고 나무토막과 같이 물에 녹지 않으면서 물 위로 뜨는 물체는 물이 담긴 눈금실린더에 물체를 넣고 아주 가는 철사로 물체를 눌렀을 때, 늘어나는 물의 부피로 측정합니다. 만약 물에 녹는 고체일 경우에는 해당 고체를 녹이지 않는 액체를 이용하면 되지요.

마지막으로 기체의 부피는 어떻게 측정할 수 있을까요? 물에 녹지 않는 기체의 경우에 대해 생각해 볼게요. 물이 담긴 수조에 물이 가득 찬 눈금실린더를 뒤집어 넣습니다. 그리고 고무관을 이용하여 눈금실린더 안쪽으로 기체가 들어가도록 하면 기체가 물을 밖으로 밀어내는데, 이때 수면의 눈금을 읽으면 그것이 바로 기체의 부피에 해당합니다.

이렇듯 물질의 성질이나 물질의 상태에 따라 다양한 방법으로 물질의 부피를 측정할 수 있지요.

물에 가라앉는 고체의
부피 측정

물에 뜨는 고체의
부피 측정

기체의 부피 측정

질량 측정하기

요즘에는 많은 사람이 건강에 관심을 가지고 자신의 몸무게를 줄이기 위해 많은 노력을 하고 있지요. 여러분 중에서도 다이어트 중인 친구들이 있지요? 내가 살을 빼지 않고 몸무게를 줄일 수 있는 방법을 알려 줄게요.

__ 우아! 신난다. 그런 방법도 있어요?

네, 있습니다. 허허. 바로 달나라로 가는 거지요.

__ 달나라요?

내 이야기를 한번 들어 보세요. 무게란 어떤 물체에 작용하는 중력의 크기를 말해요. 중력이란 지구나 달이 물체를 잡

아당기는 힘을 말하지요.

눈에 보이지 않는 지구의 엄청난 중력 때문에 우리 모두가 우주로 떨어지지 않고 지구에서 살 수 있는 것입니다. 그런데 지구보다 덩치가 작은 달의 중력은 지구의 약 $\frac{1}{6}$ 정도밖에 되지 않아요. 그래서 지구에서 잰 몸무게에 비해 달에서 잰 몸무게가 약 $\frac{1}{6}$ 정도밖에 되지 않는 것이지요, 하하.

__ 에이~. 선생님, 그건 실제로 살을 뺀 게 아니라 저울의 숫자만 작아진 것뿐이잖아요.

아주 좋은 지적을 해 주었어요. 그렇지요. 우리 몸의 고유한 양은 변하지 않았지요. 이와 같이 어떤 물체가 가지고 있는 고유한 양을 질량이라고 합니다. 질량은 측정하는 장소에 관계없이 어디에서나 같아요. 그래서 지구나 달 어디에서 측정해도 질량의 값은 변하지 않지요.

질량과 무게는 서로 다른 종류의 도구로 측정하고, 서로 다른 단위를 사용합니다. 질량은 윗접시 저울이나 양팔 저울 등으로 측정하여 g, kg 등으로 나타내고, 무게는 용수철 저울이나 앉은뱅이 저울 등으로 측정하여 kgf 혹은 N으로 나타내지요.

__ 선생님, 그러면 몸무게를 몇 kg이라고 말하는 것은 틀린 표현이네요. 이제부터 몸무게를 말할 때에는 몇 kgf이라

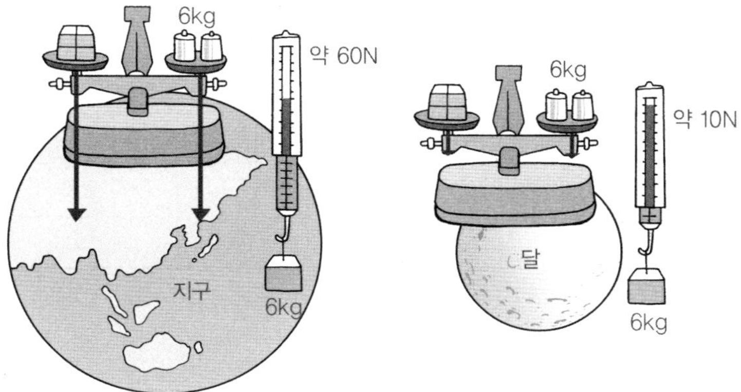

고 해야겠어요, 헤헤.

네, 그게 정확한 표현이기는 하지요. 하지만 많은 사람이 몸무게를 말할 때는 몇 kg이라고 해요. 만약 몸무게를 kgf 이라고 표현하면 더 헷갈려 하는 사람이 있을지도 몰라요. 가끔은 틀린 표현이 의사소통을 하는 데 도움이 되기도 하네요, 하하하.

밀도

여기에 순수한 금속 조각이 3개 있어요. 어떤 것이 같은 종

류의 금속일까요? 먼저 질량과 부피를 재어 볼게요.

구분	A	B	C
질량(g)	100	100	200
부피(cm³)	20	40	40

질량이 같은 A와 B가 같은 물질일까요? 아니면 부피가 같은 B와 C가 같은 물질일까요?

__ 선생님! 질량이나 부피가 같다고 해서 같은 물질이라고 단정 지을 수는 없을 것 같아요.

__ 맞아요. 질량이나 부피는 물질의 특성이 아니니까요.

여러분이 물질의 특성이 의미하는 바를 아주 잘 이해하고 있군요. 그러면 질량이나 부피를 이용해서 어떤 물질이 같은 물질인지 판단할 수 있을까요?

__ 두 가지 물질의 질량과 부피가 모두 같다면, 그 물질들은 같은 물질일 것 같아요.

와! 어떻게 그런 생각을 했나요? 고대의 아르키메데스가 '유레카'를 외칠 때 했던 생각과 같은 생각을 했군요. 말이 나온 김에 아르키메데스에 대한 이야기를 잠깐 해 볼까요?

기원전 3세기에 살았던 아르키메데스는 어느 날 왕의 부름을 받았지요. 왕은 아르키메데스에게 한 가지 과제를 내려 주었습니다.

"내가 세공업자에게 순금을 주고, 왕관을 만들어 오라고 했다네. 그런데 이 왕관이 순금이 아니라는 소문이 많더군. 세공업자는 자신의 결백을 주장하고 있지만, 증거가 없으니 소문을 막을 길도 없고……. 자네가 이 왕관이 순금인지 아닌지 알아보게나. 단, 왕관의 모양을 망가뜨려서는 안 되네."

여러분이 만약 아르키메데스라면 이 문제를 어떻게 해결했을까요?

__ 음…… 왕관을 감정사에게 가져가서 순금인지 알아봐 달라고 했을 것 같아요, 하하하.

__ 거짓말 탐지기를 이용하여 세공업자가 거짓말을 하고 있는지 아닌지 알아볼 것 같아요.

네, 여러분이 말한 방법을 현재에는 모두 활용할 수 있겠네요. 하지만 아쉽게도 당시에는 감정사도, 거짓말 탐지기도 없었어요.

집으로 돌아온 아르키메데스는 며칠을 방 안에서 머리를 싸매고 왕의 부탁을 해결하려고 노력했어요. 너무 골똘히 고민한 나머지 아르키메데스는 매우 피곤해졌어요.

"따뜻한 물에 몸을 담그면 피곤이 풀릴 거야. 그럼, 좋은

생각이 날지도 몰라.”

아르키메데스는 욕조에 물을 가득 받고, 몸을 담갔어요. 아르키메데스가 욕조 안에 앉는 순간, 물이 넘쳐흐르는 것이 아니겠어요? 평소에는 무심코 지나쳤던 넘치는 물을 보고, 아르키메데스는 ‘유레카’를 외쳤어요. 유레카란 ‘내가 발견했다’라는 뜻의 그리스어이지요.

아르키메데스가 욕조에 들어가서 넘쳐흐르는 물을 보고 발견한 것은 무엇일까요? 아르키메데스는 물속에 들어가는 순간 자신의 몸이 가벼지는 것을 느꼈고, 흘러넘치는 물의 부피가 물속에 담근 자신의 몸의 부피와 같다는 사실을 발견했어요. 그리고 아르키메데스는 왕관의 비밀을 풀기 위해 다음

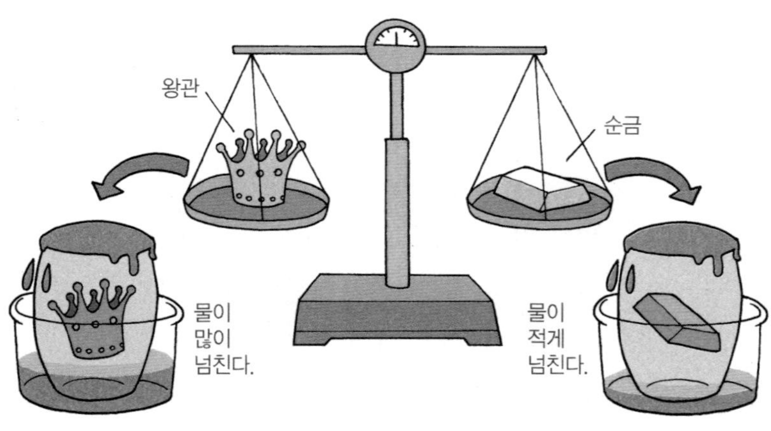

과 같은 생각을 했어요.

"물이 가득 찬 그릇에 왕관을 넣으면 물이 흘러넘칠 거야. 흘러넘친 물의 부피가 바로 왕관의 부피가 되는 셈이지. 왕관과 질량이 같은 순금의 부피를 잰다면 왕관이 순금인지 아닌지 알 수 있어!"

아르키메데스는 같은 물질이면 질량이 같을 때 부피도 같다는 사실을 미루어 짐작하고 있었나 봐요. 그렇다면 같은 종류의 물질이 질량이 같을 때 왜 부피도 같은지 분자 수준에서 생각해 볼게요.

물질의 종류가 같으면, 일정한 온도에서 일정한 부피 속에 일정한 수의 분자들이 배열돼 있어요. 그래서 일정한 부피에 대한 질량의 값은 항상 일정하지요. 이와 같이 질량을 부피로 나눈 값, 즉 물질의 단위 부피당 질량 값을 밀도라고 합니다. 즉, 밀도가 같으면 같은 종류의 물질인 것이지요.

$$\text{밀도}(g/cm^3) = \frac{\text{질량}(g)}{\text{부피}(cm^3)}$$

그럼 조금 전에 질량과 부피를 쟀던 금속 조각 A, B, C 중에 어떤 것이 같은 종류의 물질인지 알아볼까요?

구분	A	B	C
질량(g)	100	100	200
부피(cm^3)	20	40	40
밀도(g/cm^3)	5.0	2.5	5.0

A와 C의 밀도가 $5g/cm^3$로 같으므로 A와 C가 같은 종류의 물질이네요. A, B와 같이 질량이 같다고 해서 혹은 B, C와 같이 부피가 같다고 해서 같은 종류의 물질이라고 생각해서는 안 된다는 것을 알 수 있어요.

이와 같이 밀도는 물질의 종류에 따라 다르므로 물질의 특성이 됩니다. 다음 표는 여러 가지 물질의 밀도를 나타낸 것

고체		액체		기체(1기압, 20℃)	
물질	밀도(g/cm^3)	물질	밀도(g/cm^3)	물질	밀도(g/cm^3)
금	19.32	수은	13.55	LNG	0.00075
은	10.50	황산	1.83	LPG	0.00186
구리	8.93	사염화탄소	1.59	이산화탄소	0.0018
철	7.87	글리세롤	1.26	공기	0.00120
다이아몬드	3.51	물(4℃)	1.00	산소	0.00133
알루미늄	2.70	에탄올	0.79	헬륨	0.00018
얼음	0.92	식용유	0.93	수소	0.00008

입니다.

 물질이 상태 변화할 때는 물질의 질량은 변하지 않지만, 부피는 크게 변하지요. 같은 질량의 물질이더라도 기체 상태에서 부피가 가장 크고, 다음으로 액체, 고체 순으로 부피가 작아집니다. 그래서 부피가 가장 큰 기체 상태일 때 밀도가 가장 작고, 부피가 가장 작은 고체 상태일 때 밀도가 가장 크지요. 단, 물은 같은 질량일 때 고체의 부피가 액체보다 더 큽니다. 그래서 얼음의 밀도가 물의 밀도보다 더 작지요.

 기체 상태에서는 온도와 압력이 달라졌을 때 질량은 일정하지만 부피가 크게 변하므로 밀도도 크게 변합니다. 그래서 기체의 밀도를 표시할 때는 반드시 온도와 압력을 함께 표시해야 합니다.

뜨고 가라앉음

 물과 식용유에 얼음 조각을 넣는 실험을 다시 생각해 볼까요? 식용유에 크기가 큰 얼음 조각과 크기가 작은 얼음 조각을 넣었을 때 모두 가라앉았지요? 이 단순한 실험으로부터 우리는 무엇을 알 수 있을까요?

　　__ 물질의 크기에 의해 뜨고 가라앉음이 결정되지 않는다는 것이지요.

　　네, 그렇습니다. 그러면 무엇에 의해 물질의 뜨고 가라앉음이 결정될까요? 물체를 물에 띄우는 경우에 대해 다시 한 번 생각해 볼까요?

　　물체를 물에 띄우면 물체가 물속에 들어간 부피만큼 수면이 높아지지요. 물체는 아래쪽으로 작용하는 중력의 영향을 받고, 물도 물체가 받는 중력만큼의 힘을 반대 방향으로 작용하여 물체를 들어 올립니다. 따라서 물속에서는 물에 잠긴 물체의 무게만큼 물체가 가벼워지지요. 그래서 아르키메데스도 물속에서 자신의 몸이 가벼워진 것을 느낀 것입니다.

　　그렇다면 어떤 경우에 물체가 물속에 가라앉을까요? 물체

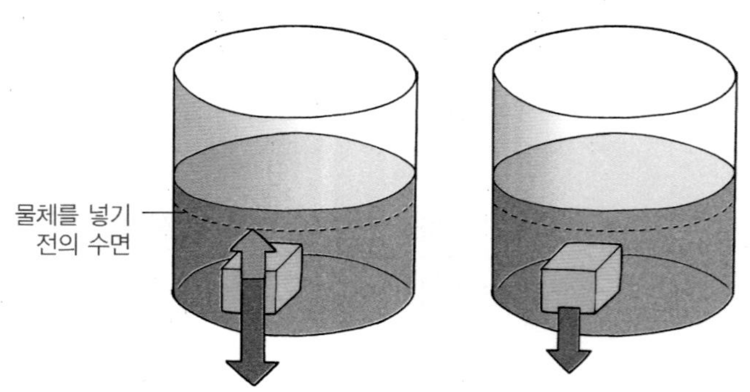

물체가 물속에 가라앉는 경우 물체가 받는 힘

의 무게가 물체의 부피에 해당하는 물의 무게보다 무거워지면 되겠지요? 그런데 무게는 질량이 클수록 커지므로 일정한 부피에 대한 물체와 물의 무게 대신 일정한 부피에 대한 물체와 물의 질량을 비교해도 됩니다.

　＿＿ 선생님, 일정한 부피에 대한 질량이 밀도잖아요. 그럼 간단하게 물체와 물의 밀도 값을 비교하면 되겠네요.

　네, 그래요! 결국 물체의 뜨고 가라앉음은 밀도에 의해 결정된다고 할 수 있어요. 물체의 밀도가 물의 밀도보다 크면 물체는 물속에 가라앉고, 물의 밀도보다 작으면 물 위에 뜨는 것입니다.

캐번디시는 페트병에 물을 가득 넣고 뚜껑을 닫은 다음, 물이 들어 있는 수조에 넣었다. 그리고 페트병을 꺼낸 후에 물을 모두 빼내고 공기로 가득 찬 페트병의 뚜껑을 닫고 물이 든 수조 속에 다시 넣었다.

　물을 가득 채운 페트병을 수조에 넣었더니 어떤 일이 벌어졌나요?

　＿＿ 페트병이 가라앉았어요.

　그럼, 공기로 가득 찬 페트병은요?

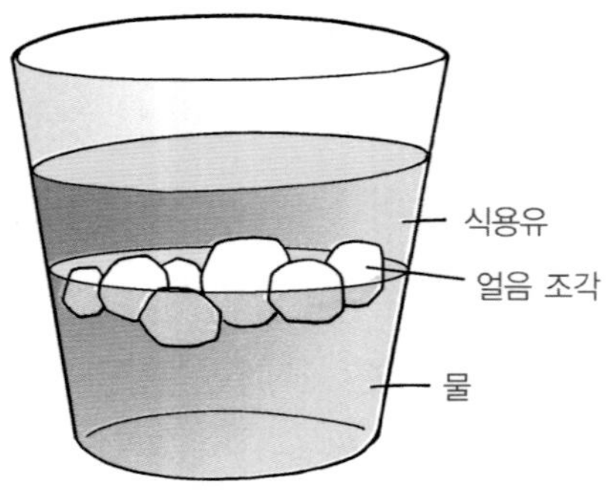

밀도 비교 : 식용유 < 얼음 조각 < 물

__ 가라앉지 않고 물 위에 떴어요.

물을 가득 채운 페트병은 가라앉았지만, 공기를 가득 채운 페트병은 뜨는 이유가 무엇일까요?

__ 물을 넣은 페트병은 물보다 밀도가 크고, 공기를 넣은 페트병은 물보다 밀도가 작기 때문이지요.

아주 잘 설명했어요. 그러면 금속으로 만든 작은 동전은 물에 가라앉는데, 아주 많은 양의 금속을 이용하여 만든 배가 물 위에 뜨는 원리도 설명할 수 있겠지요?

__ 금속 덩어리는 물보다 밀도가 크니까 물속에 가라앉아요. 그런데 배는 내부에 공기를 아주 많이 포함하고 있어서 배 전체의 밀도가 물보다 작기 때문에 물 위에 뜨는 거예요.

네, 아주 훌륭한 대답입니다. 하나하나 설명을 들으니 매우 쉽지요? 그러면 잠수함이 물속으로 들어가거나 물 위로 올라오는 원리에 대해서도 설명할 수 있겠지요?

＿ 잠수함도 페트병처럼 물속으로 가라앉을 때는 물보다 밀도가 커지고, 위로 올라올 때는 물보다 밀도가 작아지면 될 것 같아요. 그런데 잠수함의 밀도는 어떻게 조절할 수 있나요?

잠수함에는 '밸러스트 탱크'라는 아주 많은 양의 물이나 공기를 담을 수 있는 통이 있어요. 잠수함이 바다에 떠 있을

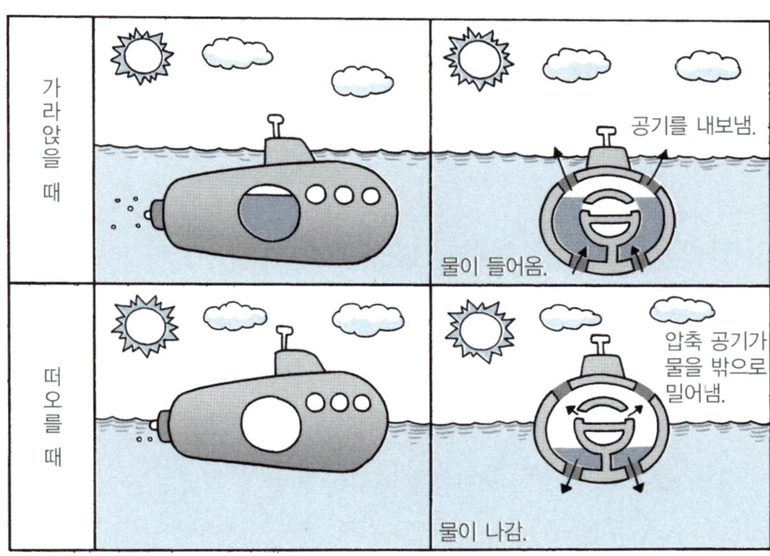

때는 이 통에 공기가 가득 들어 있는데, 이 통에 공기 대신 바닷물을 채우면 잠수함의 밀도가 바닷물보다 커지면서 잠수함이 아래쪽으로 가라앉지요. 잠수함이 다시 위로 올라오려면 잠수함에 압축되어 있던 공기를 밸러스트 탱크 안으로 넣어 밸러스트 탱크 안의 바닷물을 밖으로 빼내면 됩니다. 그러면 잠수함의 밀도가 바닷물의 밀도보다 작아지면서 잠수함이 다시 위로 올라올 수 있습니다.

온도와 농도에 따른 밀도

지금까지 밀도에 대해 알아보았는데요, 밀도 수업을 마무리하기 전에 여러분에게 흥미로운 실험을 소개할게요.

캐번디시는 똑같은 모양의 컵을 2개 준비했다. 컵 하나에는 빨간 색소를 녹인 뜨거운 물을 가득 담고, 다른 컵에는 파란 색소를 녹인 찬물을 가득 담았다. 뜨거운 물이 담긴 컵의 위쪽을 책받침으로 덮고 뒤집어서 찬물이 담긴 컵 위에 올렸다. 찬물이 담긴 컵과 뜨거운 물이 담긴 컵 사이의 책받침을 서서히 빼냈다. 찬물과 뜨거운 물은 섞이지 않고 층을 이루었다.

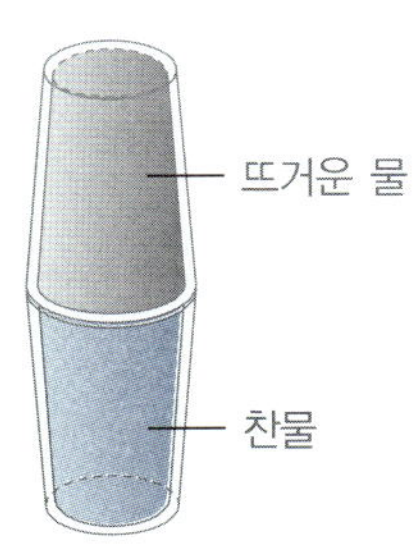

여러분, 찬물과 뜨거운 물이 섞이지 않고 층을 이루는 이유
는 무엇일까요?

__ 선생님, 이 현상도 밀도와 관련이 있는 건가요?

그럼요! 뜨거운 물은 찬물에 비해 밀도가 작기 때문에 찬물
위에 뜹니다. 그런데 시간이 지나 뜨거운 물이 식으면 뜨거
운 물과 찬물은 더 이상 층을 이루지 않아요. 반대로 찬물을
위쪽에 놓고, 뜨거운 물을 아래쪽에 놓으면 어떻게 될까요?

__ 뜨거운 물의 밀도가 찬물보다 작으니까 뜨거운 물은 위
쪽으로 올라가고, 찬물은 아래쪽으로 내려올 것 같아요.

네, 맞아요. 뜨거운 물은 위로 올라가고, 찬물은 아래로 내
려오지요. 이 과정에서 뜨거운 물이 가지고 있는 열에너지가
위쪽의 찬물에게 전달됩니다. 이렇게 액체나 기체와 같은 유
체가 밀도 차에 의해 순환하면서 물질 내에 열에너지를 전달
하는 현상을 대류라고 해요.

이와 같은 물질의 대류를 잘 활용하면 난방이나 냉방을 효과적으로 할 수 있어요. 뜨거운 공기는 밀도가 작아서 위로 뜨는 성질이 있으므로 난로는 아래쪽에 설치하는 것이 좋아요. 반대로 찬 공기는 밀도가 커서 아래쪽으로 가라앉는 성질이 있으므로 냉방기는 위쪽에 설치하는 것이 좋지요. 일상생활에서 밀도 차이가 이렇게 이용되고 있는 줄 몰랐지요?

캐번디시가 물에 방울토마토를 넣었더니 방울토마토가 가라앉았다. 그리고 소금물에 방울토마토를 넣었더니 방울토마토가 가라앉지 않고 소금물 위에 떴다.

여러분, 물에 넣은 방울토마토는 가라앉는데, 소금물에 넣은 방울토마토는 왜 둥둥 뜰까요?

＿＿ 이번에도 밀도 차이 때문이지요? 방울토마토의 밀도는 물보다는 크지만, 소금물보다는 작기 때문이에요.

네, 맞아요! 그렇다면 물과 소금물 중에서 밀도가 더 큰 것은 소금물이겠군요. 왜 소금물의 밀도가 물보다 클까요? 그 이유는 소금의 질량에 해당하는 만큼 물보다 소금물의 질량이 커지기 때문입니다. 그런데 질량만큼 소금물의 부피는 커지지 않지요. 그래서 물보다 소금물의 밀도가 큰 거랍니다.

과학자의 비밀노트

열에너지는 어떻게 전달될까?

열에너지는 온도가 높은 곳에서 온도가 낮은 곳으로 전달된다. 열에너지
가 전달되는 방법에는 전도, 대류, 복사가 있다.

전도는 고체 물질에서 열에너지가 이웃한 분자에게 전달되는 현상을 말
한다. 일반적으로 금속이 열을 잘 전달하고, 플라스틱이나 나무 등은 열
을 잘 전달하지 못한다. 따라서 프라이팬을 만들 때 음식을 담는 부분은
금속으로 만들고, 손잡이 부분은 플라스틱이나 나무 등으로 만든다. 대류
는 액체나 기체 상태의 물질이 직접 이동하여 열에너지를 전달하는 현상
을 말한다. 지구 상의 해류나 대기의 순환 운동이 대류 현상에 해당한다.
복사는 열에너지가 물질의 도움 없이 직접 전달되는 현상을 말한다. 우주
공간은 아무 것도 없는 진공임에도 불구하고 복사 현상에 의해서
태양의 열에너지가 지구까지 직접 전달된다.

물에 소금을 녹이는 과정에도 많은 과학적 원리가 숨어 있
습니다. 다음 시간에는 물에 소금도 녹여 보고, 설탕도 녹여
보면서 용해도에 대해 알아볼 거예요. 이번 시간보다 더 많
은 일상생활 속 과학 원리를 알아볼 테니 기대하세요. 다음
시간에 만납시다!

주사위 세 개가 전부 다른 물질로 만들어졌다고? 하지만 똑같이 생겨서 구분할 수가 없잖아.
밀도를 비교해 보면 알 수 있습니다. 밀도는 부피와 질량을 알면 구할 수가 있어요.
밀도 = 질량(g) / 부피(cm³)

좀 더 자세히 설명해 주세요.
물질의 종류가 같으면 일정한 부피 속에 일정한 수의 분자들이 배열돼 있어서 부피에 대한 질량의 값이 항상 일정하답니다. 이 값을 밀도라고 하고, 밀도는 물질의 특성이 되지요.
왕관을 넣어 넘친 물의 양과 같은 무게의 순금을 넣어 넘친 물의 양을 비교하면 순금인지 아닌지 알 수 있어.
아르키메데스

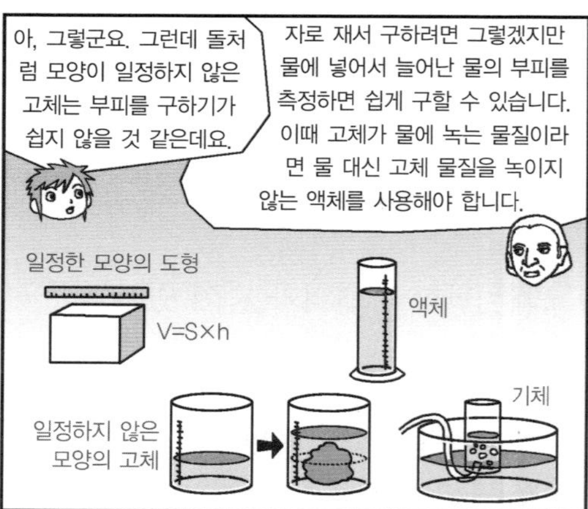
아, 그렇군요. 그런데 돌처럼 모양이 일정하지 않은 고체는 부피를 구하기가 쉽지 않을 것 같은데요.
자로 재서 구하려면 그렇겠지만 물에 넣어서 늘어난 물의 부피를 측정하면 쉽게 구할 수 있습니다. 이때 고체가 물에 녹는 물질이라면 물 대신 고체 물질을 녹이지 않는 액체를 사용해야 합니다.
일정한 모양의 도형
V=S×h
액체
일정하지 않은 모양의 고체
기체

아~. 그럼 질량은요? 용수철 저울에 재면 되나요?
아니요. 그건 무게지요. 무게란 물체에 작용하는 중력의 크기를 말하는 것이므로 중력이 작아지면 무게도 작아지지만 질량은 장소에 따라 변하지 않아요. 윗접시 저울이나 양팔 저울을 이용해서 측정해요.
지구와 달에서 무게는 변하지만 질량은 변하지 않네.

그런데 부피를 재기 위해 주사위들을 물에 넣었더니 어떤 것은 가라앉고 어떤 것은 떴어요!
물체의 밀도가 물의 밀도보다 크면 물체는 물속에 가라앉고, 물의 밀도보다 작으면 물 위에 뜬답니다. 물보다 밀도가 작은 기름과 비교하면 좀 더 정확하게 알 수 있어요.
기름
물
주사위<기름<물
기름<주사위<물
기름<물<주사위

그럼 밀도는 변하지 않나요?
아니요. 온도가 변하면 밀도도 변한답니다. 뜨거운 물은 찬물에 비해 밀도가 작아서 찬물 위에 뜨지요. 그래서 물을 밑에서 가열하면 물이 위로 이동하게 되는데, 이러한 현상을 대류라고 해요.
식는다.
차가워진 물은 아래로 내려간다.
뜨거워진 물은 위로 올라간다.

4

용해도

물질이 다른 물질과 고르게 섞이는 현상에 대해 알아봅시다.

용해도

캐번디시가 실험 기구가 가득 담긴
바구니를 들고 와서
네 번째 수업을 시작했다.

여러분, 물에 설탕을 녹여 본 적이 있나요? 이번 시간에는
물에 설탕을 녹이는 것처럼 여러 가지 물질이 다른 물질과 균
일하게 섞이는 현상에 대해 알아볼게요.

용액과 용해

우리 주변에서 쉽게 접할 수 있는 공기, 설탕물, 스테인리
스강 이 세 가지 물질의 공통점은 무엇일까요?

__ 공기는 기체, 설탕물은 액체, 스테인리스강은 고체 상태의 물질로 이 세 가지 물질은 전혀 공통점이 없는 것처럼 보여요.

그래요. 각각의 물질의 상태가 다르지요. 또한, 공기나 설탕물은 우리가 들이마실 수 있지만, 스테인리스강은 그렇지 않아요. 이들 물질의 공통점은 바로 두 가지 이상의 물질이 골고루 섞여 있는 용액이라는 것입니다.

공기는 질소, 산소, 아르곤, 이산화탄소, 헬륨 등의 기체가 골고루 섞여 있고, 설탕물에는 설탕과 물이 골고루 섞여 있지요. 그릇을 만드는 데 쓰이는 스테인리스강은 철에 크로뮴이나 니켈을 골고루 섞어서 만든 합금입니다.

이처럼 어떤 물질과 다른 물질이 골고루 섞여 생성된 균일한 혼합물을 용액이라고 해요. 이때 물과 같이 다른 물질을 녹이는 물질을 용매라고 하고, 설탕과 같이 다른 물질에 녹는 물질을 용질이라고 합니다. 그리고 용매에 용질이 균일하게 섞이는 현상을 용해라고 하지요. 용해란 풀어서 흩어진다는 뜻인데, 일반적으로 용매에 용질이 녹는다고 표현해요. 고체에서 액체로 상태 변화할 때도 녹는다고 표현하는데, 이때는 용해가 아니라 융해 과정을 의미하는 거랍니다. 설탕을 물에 녹일 때 설탕은 용질, 물은 용매, 설탕물은 용액에 해당

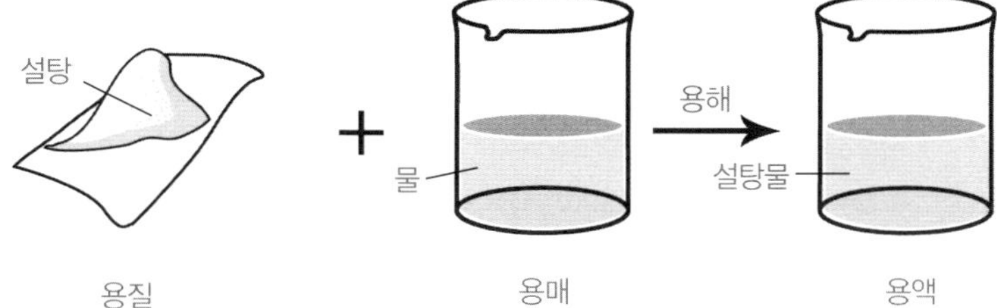

하지요.

우리 주변에 있는 물질 중에 용액과 용액이 아닌 것을 구분해 볼까요? 생과일주스, 미숫가루를 탄 물, 이온 음료 중에서 용액은 무엇일까요?

__ 세 가지 모두 액체에 다른 물질이 녹아 있으니까 용액 아닌가요?

__ 생과일주스에는 고체 덩어리가 녹지 않고 둥둥 떠 있으니까 용액이 아닐 것 같아요. 그렇지만 미숫가루를 탄 물은 고체 덩어리가 아닌 고체 가루를 물에 풀어 놓았으니 용액이 아닐까요?

__ 저는 미숫가루를 탄 물에도 가라앉는 것이 있으니까 용액이 아니라고 생각해요.

네, 여러분이 순차적으로 잘 유추했어요. 생과일주스와 미숫가루를 탄 물에는 고체 덩어리나 가루 물질이 녹지 못하고

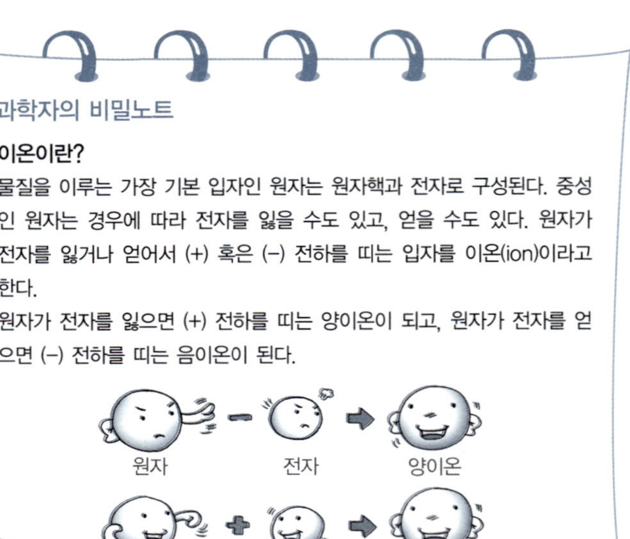

둥둥 떠 있거나 가라앉아 있으므로 용액이 아니에요. 이온 음료만 용액에 해당하지요. 왜 이온 음료만 용액에 해당하는지 알아볼게요.

캐번디시는 투명한 액체가 들어 있는 컵을 들어서 학생들에게 보여 주었다.

여러분, 이 컵 속에 들어 있는 물질은 물일까요? 설탕물일까요?

__ 눈으로 보기만 해서는 투명해서 물인지, 설탕물인지 구분하기 힘들어요.

이 물질은 설탕물입니다. 그런데 물에 녹인 설탕은 어디로 간 것일까요? 사라진 걸까요?

__ 아니에요. 설탕물은 달콤하니까 물속에 설탕이 있는 건 분명해요. 눈에 보이진 않지만요.

물질은 물질의 성질을 가진 가장 작은 입자인 분자로 구성되어 있답니다. 분자는 그 크기가 너무 작아서 우리 눈으로는 절대 볼 수가 없지요. 설탕도 우리 눈에 보이지 않을 정도로 매우 작은 분자로 구성되어 있습니다. 설탕이 물에 녹는다는 것은 설탕 분자와 물 분자가 균일하게 섞이는 것을 의미해요. 따라서 설탕물에는 설탕 분자가 골고루 퍼져 있기 때문에 설탕물에서 달콤한 설탕 맛이 나는 거랍니다. 이렇듯 용매 입자와 용질 입자가 매우 균일하게 섞여 있을 때 용액이라고 할 수 있지요.

이온 음료에는 물에 여러 가지 이온들이 균일하게 섞여 있어요. 그래서 이온 음료는 용액이지요. 생과일주스나 미숫가루를 탄 물은 용매 입자와 용질 입자가 입자 수준에서 균일하게 섞인 상태가 아니기 때문에 용액이라고 할 수 없습니다.

　여러분, 설탕물의 가장 윗부분, 가운데 부분, 가장 아랫부분 중에 어느 부분이 가장 달콤할까요?

　__ 아랫부분의 설탕물이 가장 달콤했던 것 같아요.

　과연 그럴까요? 용액은 용질 입자가 눈에 보이지 않고, 어느 부분이나 성질이 같은 균일 혼합물이에요. 즉, 설탕물의 맛을 보면 위쪽이든 아래쪽이든 달콤한 정도가 같지요. 간혹 아래쪽의 설탕물이 더 달콤하다고 생각하는 경우가 있는데, 그건 설탕이 모두 녹지 않은 상태일 때 설탕물과 설탕 가루의 맛을 본 경우에 해당해요. 설탕이 모두 녹은 설탕물은 위쪽이든 아래쪽이든 맛이 같습니다. 용액은 오래 두어도 가라앉

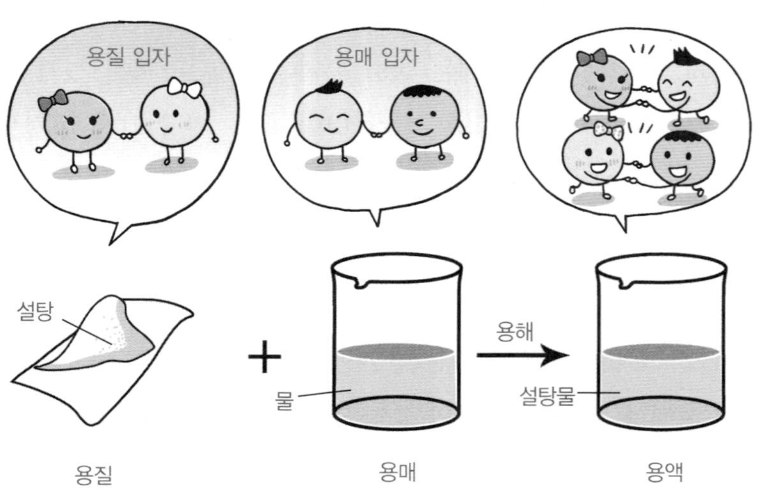

는 물질이 없으며, 거름종이로 거를 때 걸러지는 물질이 없
지요.

그런데 설탕이나 소금은 물에는 잘 녹지만, 에탄올에는 잘
녹지 않아요. 반대로 나프탈렌이나 아이오딘은 물에는 잘 녹
지 않지만, 에탄올에는 잘 녹습니다.

그렇다면 어떤 물질이 다른 물질에 녹고 녹지 않음은 무엇
에 의해 결정되는 걸까요? 용매를 이루는 입자 사이에는 서
로 끌어당기는 힘인 인력이 작용해요. 용질 입자 사이에도
인력이 작용하지요. 용매 입자와 용질 입자가 섞이면서 용매
입자와 용질 입자 사이의 인력이 용매 입자 사이나 용질 입자
사이의 인력보다 클 때 용해가 잘 일어나는 것입니다.

이제 어떤 물질이 다른 물질에 용해되기도 하고, 그렇지 않
기도 한 이유가 입자 사이의 인력의 차이 때문이라는 것을 잘
알겠지요? 손톱을 아름답게 꾸미기 위해 사용하는 매니큐어
는 물에는 잘 지워지지 않지만, 아세톤으로는 쉽게 지울 수
있지요. 이는 매니큐어가 물에는 용해되지 않지만, 아세톤에
는 잘 용해되기 때문입니다. 이와 같은 원리를 이용해서 페
인트는 시너로 지우고, 기름때가 묻은 옷은 유기 용매를 사
용한 드라이클리닝으로 세탁을 합니다.

캐번디시는 여러 가지 종류의 설탕물을 만들었다.

> ① 물 100g에 설탕 15g을 모두 녹인 설탕물
>
> ② 물 300g에 설탕 30g을 모두 녹인 설탕물
>
> ③ 물 750g에 설탕 60g을 모두 녹인 설탕물

여러분, 내가 만든 설탕물 중 어떤 것이 가장 달콤할까요? 물론 설탕물의 맛을 보지 않고 생각해 보는 겁니다, 하하. 물과 설탕의 양이 모두 달라서 언뜻 보기에는 어떤 설탕물이 가장 달콤한지 잘 모르겠지요? 이럴 때는 물 혹은 설탕의 양이 같도록 하여 비교하면 됩니다. 음…… 물의 양을 100g으로 맞춰 봅시다.

설탕물		물	설탕
① 물 100g에 설탕 15g을 모두 녹인 설탕물	→	100g	15g
② 물 300g에 설탕 30g을 모두 녹인 설탕물	→	100g	10g
③ 물 750g에 설탕 60g을 모두 녹인 설탕물	→	100g	8g

　물의 양이 같을 때 설탕이 가장 많이 녹아 있는 설탕물이 가장 달콤하겠지요? 따라서 ①번 설탕물이 가장 달콤합니다. 그런데 더 많은 종류의 설탕물이 있을 때는 이와 같이 계산하는 것은 매우 번거롭지요. 그러면 설탕물이 달콤한 정도를 어떻게 표시하면 될까요?

　용액의 묽고 진한 정도를 농도라고 합니다. 농도를 나타내는 방법에는 여러 가지가 있는데, 일반적으로 퍼센트 농도를 많이 사용하지요. 퍼센트 농도란 단위 질량의 용액 속에 녹아 있는 용질의 질량을 백분율로 나타낸 농도를 말하는데, 다음과 같은 식으로 나타낼 수 있어요.

$$\text{퍼센트 농도}(\%) = \frac{\text{용질의 질량}}{\text{용매의 질량} + \text{용질의 질량}} \times 100$$

$$= \frac{\text{용질의 질량}}{\text{용액의 질량}} \times 100$$

　예를 들어 물 180g에 설탕이 20g 녹아 있을 때 이 설탕물의 퍼센트 농도는 다음과 같이 구할 수 있습니다.

$$\text{퍼센트 농도(\%)} = \frac{\text{설탕 } 20g}{\text{물 } 180g + \text{설탕 } 20g} \times 100 = 10\%$$

시중에 판매하는 여러 가지 음식물의 영양 성분표에는 여러 가지 성분 물질의 퍼센트 농도가 표시되어 있지요.

용해도와 용해도 곡선

물 한 컵에 설탕을 한 숟가락씩 넣으면서 녹여 볼게요. 설탕은 물에서 서서히 녹습니다. 설탕을 계속해서 넣으면 처음에는 녹다가 나중에는 아무리 저어도 녹지 않지요. 이것은 물 분자 사이에 설탕 분자가 들어갈 수 있는 빈 공간이 제한되어 있기 때문입니다. 이와 같이 일정한 온도에서 일정량의 용매에 용질이 최대로 녹아, 더 이상 용질이 녹을 수 없는 용액을 포화 용액이라고 하고, 포화 상태에 있다고 합니다. 포화 상태에서는 용질을 더 넣더라도 용해되지 않고 바닥에 가라앉지요.

그리고 용질이 최대한으로 녹을 수 있는 양보다 덜 녹아 있는 용액을 불포화 용액이라고 하고, 불포화 상태에 있다고 해요. 불포화 용액에는 용질을 추가로 더 녹일 수 있지요.

또한 용액을 천천히 냉각시키면 냉각된 용액에서 최대한 녹을 수 있는 양보다 더 많은 양의 용질이 용액에 녹아 있게 되는데, 이를 과포화 용액이라고 하고 과포화 상태에 있다고 합니다.

설탕과 소금은 잘 알다시피 물에 잘 녹지요. 만약 온도와 질량이 같은 물에 소금과 설탕을 같은 양을 계속 넣어 녹인다면 어느 것이 더 많이 녹을까요?

＿ 같은 양이 녹을 것 같아요.

＿ 설탕이 소금보다 더 많이 녹을 것 같아요.

＿ 아니에요. 소금이 설탕보다 더 많이 녹을 것 같아요.

캐번디시는 2개의 비커에 온도와 질량이 같은 물을 각각 넣고, 설탕과 소금을 한 숟가락씩 넣으면서 녹였다. 온도와 질량이 같은 물에 소금보다 설탕이 더 많이 녹았다.

온도와 질량이 같은 물이라도 용질의 종류에 따라 최대한 녹을 수 있는 용질의 양은 다릅니다. 일정한 온도에서 용매 100g에 최대한 녹을 수 있는 용질의 g수를 용해도라고 합니다. 같은 종류의 용매를 사용하더라도 용질의 종류에 따라 용해도는 달라지지요. 그리고 같은 종류의 용질을 같은 양의 용매에 녹이더라도 온도에 따라서 용해도가 달라집니다. 따라서 용해도를 나타낼 때는 용질과 용매의 종류 및 온도를 함께 표시해야 합니다.

다음 표는 물 100g에 대한 여러 가지 물질의 용해도를 나

여러 가지 물질의 용해도

물질 \ 온도(℃)	0	20	40	60	80	100
질산나트륨	73	88	105	125	148	176
질산칼륨	13.3	31.6	63.9	110	169	246
염화나트륨	35.7	36	36.6	37.3	38.4	39.8
염화칼륨	27.6	34	40	45.5	51.1	56.7

타낸 것입니다. 용해도는 물질마다 다르므로 용해도는 물질을 구별하는 특성이 되지요.

여러 가지 물질의 온도에 따른 용해도를 나타낸 그래프를 용해도 곡선이라고 합니다. 다음 그래프는 물에 대한 여러 가지 고체 물질의 용해도 곡선을 나타낸 것입니다.

여러 가지 물질의 용해도 곡선을 살펴보면, 같은 온도에서 물질의 종류에 따라 용해도가 다르다는 것을 알 수 있어요. 그리고 온도 변화에 따른 물질의 용해도가 달라지는 것도 알 수 있지요. 질산칼륨은 온도 변화에 따른 용해도 변화가 가

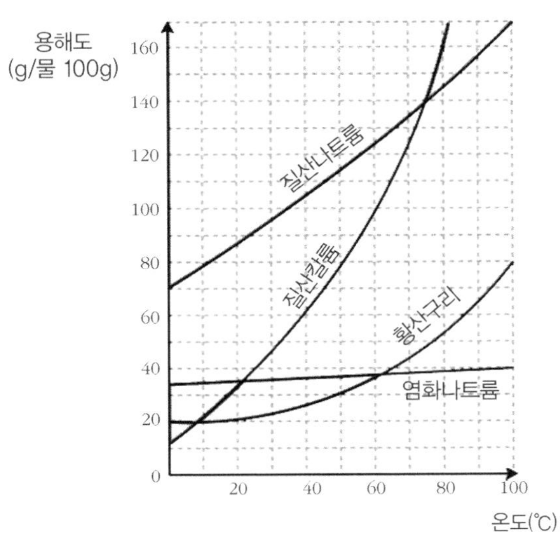

물에 대한 여러 가지 고체 물질의 용해도 곡선

장 크고, 염화나트륨은 온도 변화에 따른 용해도 변화가 가장 작습니다.

　용매에 용질이 용해도만큼 녹아 있는 상태가 포화 상태이므로 용해도 곡선 상의 모든 지점은 포화 상태입니다. 그리고 용해도 곡선보다 아래쪽의 모든 지점은 용해도보다 적은 양의 용질이 녹아 있는 상태이므로 불포화 상태이지요. 용해도 곡선보다 위쪽의 모든 지점은 용해도보다 많은 양의 용질이 녹아 있는 상태이므로 과포화 상태입니다.

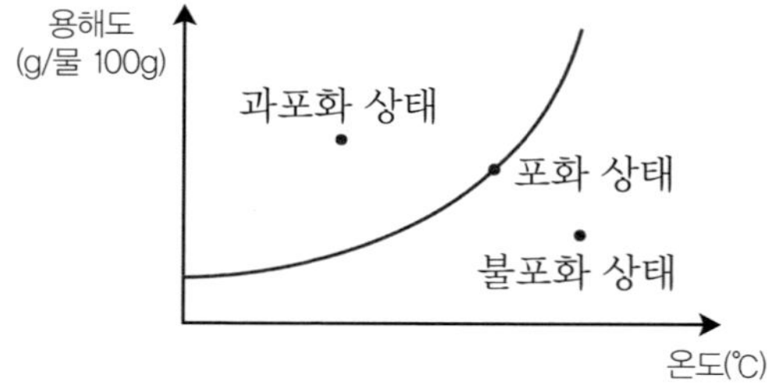

　고체의 용해도는 대체로 온도가 높을수록 증가하지만, 압력의 영향은 거의 받지 않아요. 액체 상태의 용매에 고체 상태의 용질을 용해시키는 경우에 대해 생각해 볼게요. 고체 용질이 액체 용매에 용해되려면 고체 용질의 표면으로부터 고체 용질의 입자가 분자 운동을 활발히 하여 떨어져 나와야

합니다. 이때 고체 용질은 열에너지가 필요하기 때문에 주위
의 온도가 높아질수록 용해도는 커지지요. 매우 드물게 용해
과정에서 고체 용질이 열을 방출하는 경우도 있지만, 대부분
의 고체는 온도가 높아질수록 용해도가 커집니다.

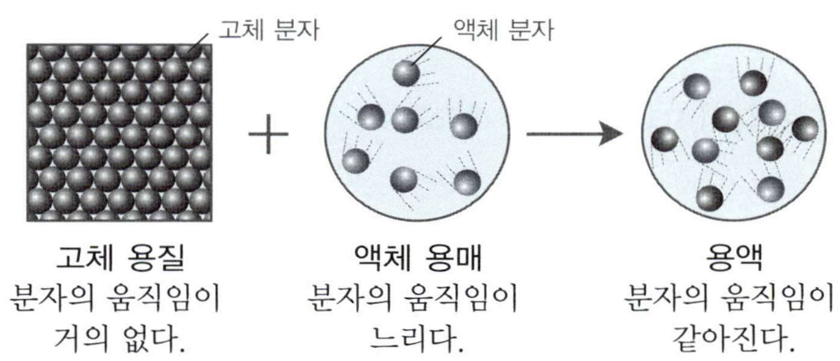

기체의 용해도

더운 여름에 시원한 사이다 한 잔은 갈증을 해소하는 데 제
격이지요. 사이다 속에 숨어 있다가 뚜껑을 열면 갑자기 발
생하는 기체의 비밀에 대해 알아볼게요.

사이다에는 이산화탄소 기체가 탄산의 형태로 녹아 있어
요. 이 탄산 때문에 사이다를 마시면 톡 쏘는 맛이 납니다.

사이다의 뚜껑이 닫혀 있을 때는 매우 큰 압력이 사이다를

누르고 있지요. 이때는 사이다 속에 많은 기체가 녹아 있을 수 있어요. 하지만 뚜껑을 열면 병 속의 압력이 작아져서 이산화탄소 기체가 사이다 속에 더 이상 녹아 있지 못하고 기체 방울이 되어 빠져나옵니다.

즉, 기체 용질이 액체 용매에 용해될 때 압력이 작아지면 기체의 용해도가 작아지고, 압력이 커지면 기체의 용해도가 커지는 것이지요. 왜 그럴까요?

기체는 압력이 커지면 부피가 감소하여 밀도가 증가합니다. 그래서 액체 표면에 충돌하는 기체 분자의 수가 증가하여 액체 용매에 녹는 기체 용질의 수가 많아지지요. 그래서 압력이 높을수록 용매에 잘 녹는 것입니다. 압력이 작아지는

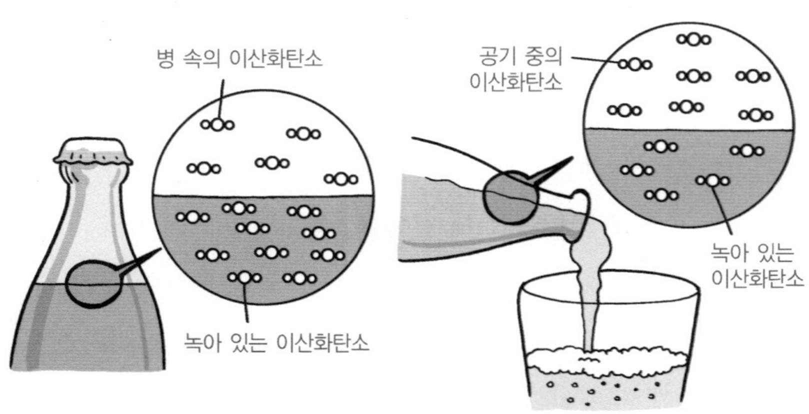

경우는 반대로 생각하면 되겠지요?

그렇다면 끝을 막은 주사기에 사이다를 넣고 피스톤을 밀면 사이다 안의 기체 방울의 수는 어떻게 변할까요?

 ＿＿ 압력이 커지므로 기체의 용해도가 증가하여 사이다 안의 기체 방울의 수는 감소해요.

네, 맞아요! 반대로 피스톤을 당기면 압력이 작아지므로 기체의 용해도가 감소하여 사이다 안의 기체 방울의 수는 증가하지요.

캐번디시는 세 개의 시험관에 방금 뚜껑을 딴 사이다를 같은 양만큼 넣고, 시험관을 각각 얼음물, 실온의 물, 더운물 속에 넣었다.

이번에는 온도의 변화에 따른 기체의 용해도에 대해 알아볼게요. 얼음물, 실온의 물, 더운물에 넣은 시험관 중에서 기체가 가장 많이 발생하는 시험관은 무엇일까요?

기체의 용해도는 온도에 따라서도 달라집니다. 온도가 높아질수록 기체의 분자 운동이 활발해지므로 액체 용매 속에 더 이상 녹아 있지 못하고, 밖으로 빠져나오기 때문이지요. 그래서 기체의 용해도는 온도가 높아질수록 작아집니다. 즉, 더운물에 담근 시험관에서 이산화탄소 기체 방울이 가장 많이 발생합니다.

반대로 온도가 낮을수록 기체의 용해도는 커집니다. 기체 용질이 액체 용매에 용해될 때, 주위의 온도가 낮을수록 기체 분자의 운동이 둔해져서 액체 용매 분자의 운동과 비슷해지기 때문이지요.

이렇듯 기체의 용해도는 주위의 온도와 압력의 변화에 따

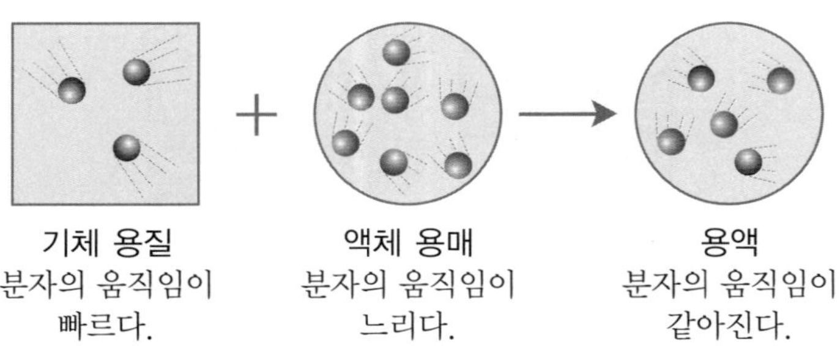

기체 용질
분자의 움직임이
빠르다.

액체 용매
분자의 움직임이
느리다.

용액
분자의 움직임이
같아진다.

라 크게 달라집니다. 그래서 사이다나 콜라와 같은 탄산음료를 보관할 때는 뚜껑을 꽉 닫아서 압력을 크게 하고, 냉장고에 넣어서 온도를 낮게 유지하는 것이 좋습니다.

여러분, 지금까지 네 번의 수업에 걸쳐서 물질의 특성인 겉보기 성질, 끓는점, 녹는점, 어는점, 밀도, 용해도 등에 대해 알아보았습니다. 다음 시간부터는 이러한 물질의 특성을 이용하여 여러 가지 혼합물을 분리하는 방법에 대해 알아보겠습니다.

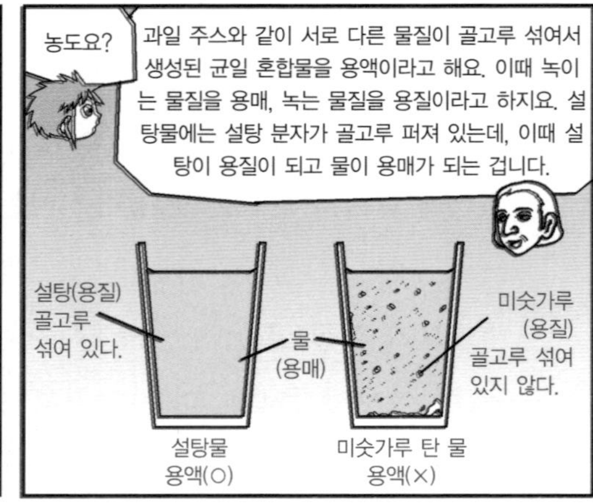

그리고 이런 용액에 녹아 있는 물질의 묽고 진한 정도를 농도라고 해요. 농도를 나타내는 방법은 여러 가지가 있지만 일반적으로 퍼센트 농도를 많이 사용하지요.

그래서 주스의 가격이 다른 거였군요.

퍼센트 농도 : 단위 질량의 용액 속에 녹아 있는 용질의 질량을 백분율로 나타낸 것

$$\text{퍼센트 농도(\%)} = \frac{\text{용질의 질량}}{\text{용매의 질량} + \text{용질의 질량}} \times 100$$

그리고 용해도라는 것이 있는데, 이는 일정한 온도에서 용매 100g에 최대한 녹을 수 있는 용질의 g수를 말해요. 용해도도 물질의 종류에 따라 다르기 때문에 물질의 특성이 되지요.

아~.

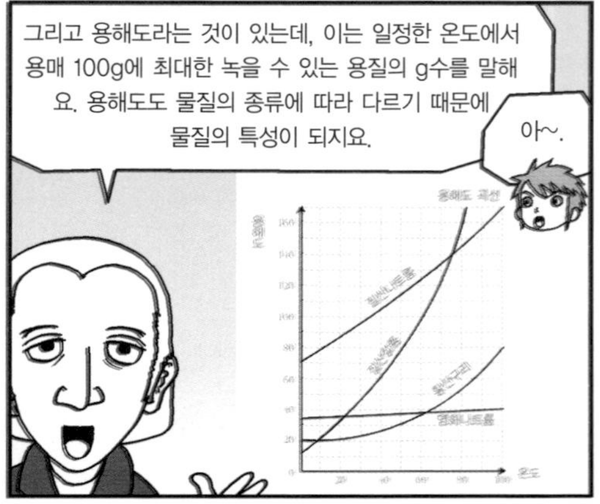

5

혼합물의 분리 1

끓는점과 밀도의 차이를 이용하여 혼합물을 분리하는 방법을 알아봅시다.

5

혼합물의 분리 1

교.	초등 과학 3-2	3. 혼합물의 분리
과.	초등 과학 4-1	4. 모습을 바꾸는 물
연.	중등 과학 1	3. 상태 변화와 에너지
		7. 힘과 운동
계.	중등 과학 3	2. 물질의 특성

캐번디시가 황가루와 철가루를 들고
다섯 번째 수업을 시작했다.

지금까지 여러 가지 물질의 특성에 대해서 알아보았어요. 물질의 특성에는 무엇이 있는지 누가 대답해 볼까요?

__ 색깔, 냄새, 맛, 굳기, 결정 모양, 광택 등의 겉보기 성질이 있어요.

__ 끓는점, 녹는점, 어는점, 밀도, 용해도가 있습니다.

모두 잘 답해 주었어요. 그러면 첫 번째 수업에서 했던 이야기 중에 혹시 혼합물이 무엇인지 기억나나요?

__ 혼합물은 여러 가지 순물질이 섞여 있는 물질을 말해요.

네, 맞아요. 잘 기억하고 있군요. 혼합물은 두 가지 이상의

순물질이 섞여 있는 물질이에요. 혼합물을 구성하고 있는 성분 물질이 어떻게 섞여 있느냐에 따라 균일 혼합물과 불균일 혼합물로 구분하기도 했지요. 설탕물과 같은 균일 혼합물은 성분 물질이 고르게 섞여 있는 혼합물이고, 생과일주스와 같은 불균일 혼합물은 성분 물질이 고르지 않게 섞여 있는 혼합물이지요.

순물질과 혼합물의 특징

우리는 일상생활에서 순물질과 혼합물을 많이 사용하고 있어요. 이번에는 한 차례 예습했던 순물질과 혼합물의 특징을 좀 더 자세히 알아보기로 해요.

캐번디시는 황가루와 철가루를 보여 주었다. 그리고 한 학생이 캐번디시를 도와 황가루 70g과 철가루 40g을 막자사발에 넣고 골고루 섞었다.

여러분, 황가루와 철가루는 각각 무슨 색깔인가요?
__ 황가루는 노란색이고, 철가루는 회색이에요.

황가루와 철가루를 섞은 혼합물은 무슨 색깔인가요?

__ 노란색과 회색이 섞여 보여요.

그렇지요. 황가루나 철가루는 다른 물질과 섞이더라도 성분 물질의 색깔을 그대로 가지고 있어요. 그리고 철가루는 자석에 달라붙는 성질이 있지요? 황가루와 철가루의 혼합물에도 자석을 가까이 하면 어떻게 될까요?

__ 황가루와 철가루의 혼합물에 있는 철가루만 자석에 달라붙을 것 같아요. 황가루는 원래 자석에 붙지 않으니까요.

네, 맞아요. 철가루에 자석을 가까이 해도, 황가루와 철가루의 혼합물에 자석을 가까이 해도 철가루만이 자석에 붙습니다. 즉, 철가루가 황가루에 섞여 있더라도 철가루의 원래의 성질은 변하지 않는다는 것이지요.

그리고 철가루에 묽은 염산을 떨어뜨리면 수소 기체가 발생합니다. 철가루와 황가루가 섞인 혼합물에 묽은 염산을 떨어뜨리면 어떻게 될까요?

__ 역시 수소 기체가 발생하겠지요.

네, 그렇습니다. 철가루가 황가루와 섞여 있어도 철가루의 성질을 잃지 않으니까요. 철가루와 황가루의 혼합물은 두 가지 이상의 순물질이 단순히 섞여 있는 것이기 때문에 성분 물질의 성질을 그대로 가지고 있어요. 그래서 성분 물질이 가

지고 있는 물질의 특성의 차이를 이용하면 혼합물을 순물질로 분리할 수 있지요.

캐번디시는 황가루와 철가루 혼합물을 시험관에 담아 충분히 가열했다. 그리고 시험관에 자석을 가까이 갖다 대어 보고, 묽은 염산을 떨어뜨렸다.

황가루와 철가루를 가열하면 황과 철이 반응하여 황화철이라는 새로운 물질이 생깁니다. 황화철은 두 가지 이상의 원소가 결합하여 생성된 화합물입니다. 황화철에 자석을 가까이 해도 자석에 달라붙는 물질이 없습니다. 그리고 묽은 염산을 떨어뜨리면 수소 기체가 아닌 황화수소 기체가 발생하지요. 즉, 황화철은 더 이상 철이나 황의 성질을 가지고 있지 않은 새로운 물질인 것입니다.

황화철과 같은 화합물은 두 가지 이상의 원소가 결합하여 만들어진 새로운 물질이기 때문에 성분 원소의 성질을 가지고 있지 않습니다. 그러나 화합물은 순물질에 속하기 때문에 물질의 특성이 일정하지요. 화합물은 화학적인 방법을 이용하여 각 성분 물질로 분해할 수 있습니다

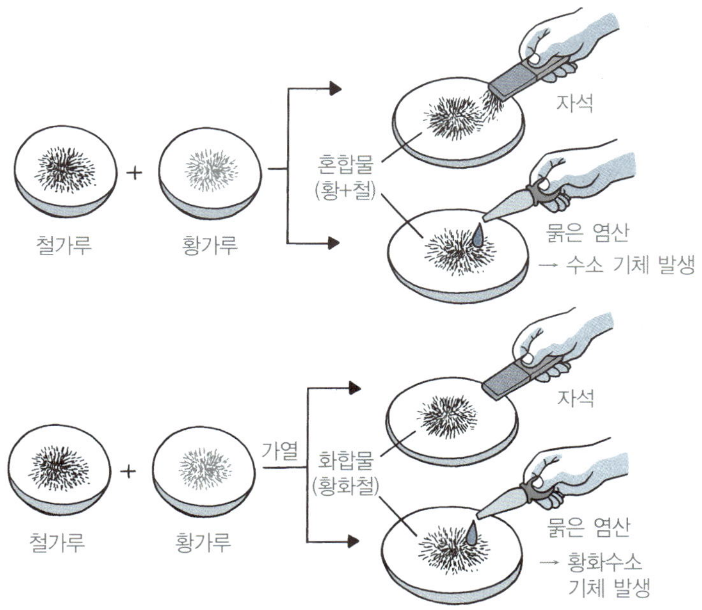

황가루와 철가루의 혼합물과 화합물 비교

혼합물의 가열 · 냉각 곡선

순물질과 혼합물의 특징을 잘 알았나요? 두 가지 이상의
물질이 화학 반응을 통해 만들어진 전혀 새로운 물질인 화합
물이 순물질이라는 것을 잘 기억해 두길 바랍니다. 지금부터
는 혼합물을 가열하거나 냉각시켰을 때 온도 변화의 특징에

대해 알아보겠습니다.

먼저 고체와 액체 혼합물에 대해 생각해 볼까요?

캐번디시는 물에 소금을 약간 넣고 국수를 삶았다.

여러분, 오랫동안 공부를 하다 보니 배가 고프지요? 우리 국수를 삶아서 같이 먹어요!

＿ 와, 신난다!

그런데 내가 물에 왜 소금을 넣어 끓인 다음 국수를 삶았을까요?

＿ 국수의 간을 맞추려고요. 그러면 양념 간장을 안 넣어 먹어도 될 것 같은데요.

하하하, 재미있는 생각이군요.

소금물을 가열하면 순수한 물의 끓는점보다 더 높은 온도에서 소금물이 끓습니다. 왜냐하면 소금이 물의 기화를 방해하므로 소금물 속의 물은 순수한 물보다 많은 열에너지를 가지고 있어야 기화할 수 있기 때문이지요. 소금물에 국수를 삶으면 순수한 물에 삶을 때 보다 높은 온도에서 단시간 내에 조리할 수 있어서 국수가 잘 퍼지지 않아요.

순수한 물은 끓는 동안에 온도가 일정해요. 하지만 소금물

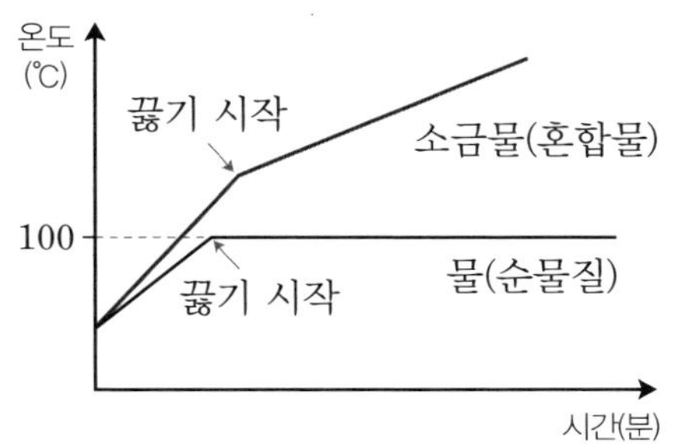

은 끓는 동안에도 온도가 계속 올라갑니다. 소금물을 가열할수록 물이 기화되어 소금물의 농도가 점점 진해져서 소금이 물의 기화를 더욱더 심하게 방해하기 때문이지요. 그래서 물 분자들이 기화하기 위해서는 보다 많은 열에너지가 필요하답니다. 이제 내가 국수를 삶을 때 소금을 넣은 이유를 알겠지요?

__ 네, 선생님! 국수를 더 높은 온도에서 삶으려고 하신 거지요? 선생님, 국수가 다 삶아진 것 같은데요.

하하하. 자, 이제 먹읍시다!

국수를 먹었으니 이제 힘이 더 나지요? 이번에는 소금물을 냉각시키는 경우에 대해 생각해 볼게요. 물과 비교해서 생각해 보면 좀 더 쉽겠지요?

__ 물은 0℃에서 어니까 소금물은 그것보다 낮은 온도에서

얼 것 같아요.

네, 잘 예측했습니다. 소금물을 가열할 때 소금이 물의 기화를 방해했던 것처럼 소금물을 냉각시킬 때도 소금이 물이 어는 것을 방해한답니다. 그래서 소금물은 순수한 물의 어는점보다 낮은 온도에서 얼기 시작하지요. 그리고 소금물에서 물만 응고(액체에서 고체로 상태가 변하는 현상)되어 소금물의 농도가 점점 진해지기 때문에 소금물이 어는 동안에 온도가 계속 내려가는 것입니다. 이제 소금물과 같이 고체와 액체의 혼합물의 끓는점과 어는점이 순물질과 비교하여 어떻게 달라지는지 알겠지요?

__ 네! 순물질에 비해 혼합물의 끓는점은 높아지고, 어는점은 낮아져요.

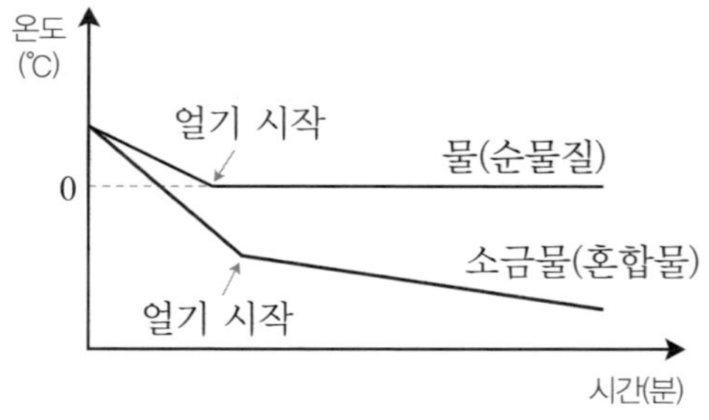

끓는점 차이를 이용해 혼합물 분리하기

증류

여러분은 술을 마셔 본 적이 없지요? 유럽에서 온 나는 이곳 한국에 와서도 와인을 즐겨 마시고 있어요. 그런데 나의 한국인 친구가 신비한 맛의 술을 내게 권하더군요. 나중에 알고 보니 이 술을 만드는 과정에 엄청난 과학적 원리가 숨어 있었어요. 아마 그래서 술의 맛이 더 신비하게 느껴졌는지도 모르겠지만 말이에요.

＿ 선생님, 그 술이 무엇인가요?

그 술은 전통 소주예요. 현재 여러 회사에서 제조되어 많이 판매되고 있는 희석식 소주가 아니라 전통의 방법으로 만든 소주이지요. 전통 소주를 만들 때는 아주 특별한 장치를 사용합니다. 바로 '소주 고리'라는 건데, 위쪽과 아래쪽이 뚫려 있고, 가운데 부분에 코끼리 코와 같이 긴 관이 연결되어 있는 모양이지요. 내가 얼마 전에 전통 소주의 명산지인 안동에 가서 배운 소주 고리로 전통 소주를 만드는 방법을 가르쳐 줄게요.

캐번디시는 가마솥에 탁한 술을 넣고, 가마솥 위에 소주 고리를 얹

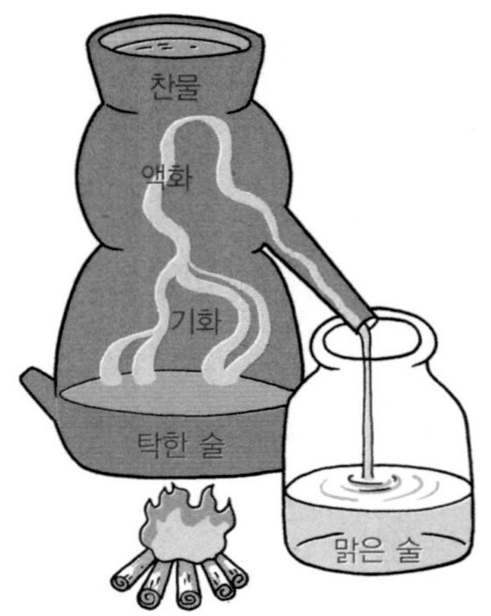

증류 : 탁한 술에서 맑은 술 분리하기

었다. 그리고 가마솥과 소주 고리 사이는 밀가루 반죽으로 틈을 잘 막고, 소주 고리의 위쪽에 찬물이 담긴 그릇을 얹었다. 가마솥을 가열하자 얼마 후에 소주 고리의 대롱 끝부분에서 투명한 액체가 나왔다.

이 투명한 액체는 맑은 술이랍니다. 참 신기하지요? 어떻게 탁한 술에서 맑은 술만 분리되어 나올 수 있을까요?

＿ 음…… 라면 끓일 때를 생각해 보면 될 것 같아요. 라면 국물은 붉은 빛을 띠지만 냄비 뚜껑의 안쪽에 달라붙은 액체 방울은 투명한 물이거든요.

소주 고리에 담긴 원리를 라면을 끓이는 것과 연관지어 생각하다니 정말 대단해요. 나도 이곳에 와서 라면을 끓이는 모습을 본 적이 있어요. 여러분의 생각대로 라면이 담긴 냄비 뚜껑의 안쪽에 투명한 물이 맺히는 것과 소주 고리에서 맑은 술이 나오는 것을 같은 원리로 설명할 수 있습니다.

라면 국물이 끓으면 물만 수증기로 변합니다. 수증기가 냄비 안에서 분자 운동을 하다가 상대적으로 차가운 뚜껑의 안쪽 면에 닿아 열에너지를 잃으면 다시 액체로 변하지요. 이것이 바로 우리가 볼 수 있는 냄비 뚜껑 안쪽의 물방울이에요. 그런데 왜 라면 스프 성분은 끓어서 기체로 변하지 않을까요? 라면 스프 성분은 끓는점이 매우 높아서 기화되기가 어렵기 때문이랍니다.

소주 고리에서도 아래쪽의 탁한 술을 가열하면 맑은 술 성분이 기화되었다가 위쪽의 차가운 물이 담긴 그릇의 아랫면에서 다시 액화되어 소주 고리의 안쪽 벽면을 타고 흘러내리는 거예요. 이것이 바로 전통 소주이지요. 술 성분이 모두 나오면 소주 고리 아래의 가마솥에는 탁한 술의 찌꺼기가 남습니다. 탁한 술의 찌꺼기 성분도 라면 스프처럼 끓는점이 매우 높기 때문에 기화되기 어려운 것입니다.

이와 같이 고체 불순물이 섞인 용액을 가열할 때 끓어 나오

는 기체를 냉각시켜서 순수한 액체 물질을 얻는 방법을 증류라고 합니다. 증류에서 '증(蒸)'은 가열한다는 뜻이고, '류(溜)'는 방울로 맺힌다는 뜻이지요. 결국 증류라는 말 속에 기화와 액화의 과정이 모두 숨어 있는 셈이네요.

증류를 이용하면 여러분이 타고 있던 배가 난파되어 무인도에 표류하게 되더라도 바닷물로 식수를 만들 수 있습니다.

＿ 바닷물을 가열하여 나오는 증기를 다시 액화시키면 쉽게 식수를 얻을 수 있을 것 같아요.

네, 잘 이야기했어요. 실제로 식수가 부족한 바닷가의 마을에서는 바닷물을 증류하여 식수를 얻기도 하지요.

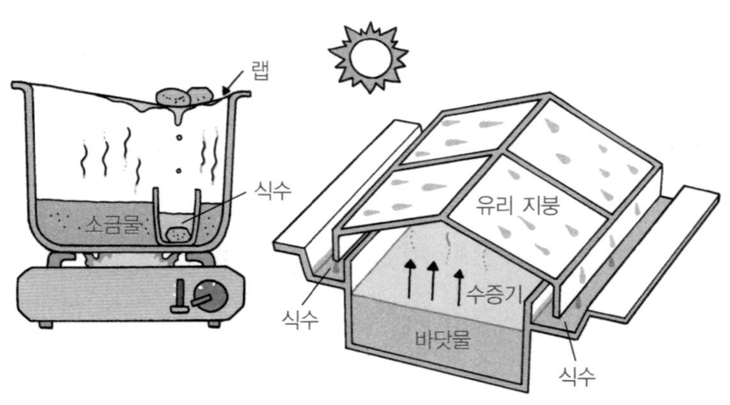

증류 : 바닷물로 식수 만들기

분별 증류

여러분, 물과 에탄올을 색깔의 차이로만 구분할 수 있을까요?

__ 아니요. 두 물질은 모두 무색투명하기 때문에 구분하기 어려워요.

그렇다면 물과 에탄올이 섞여 있는 혼합물은 어떻게 분리할 수 있을까요?

__ 물의 끓는점은 100℃이고, 에탄올의 끓는점은 78℃이므로 끓는점 차이를 이용하면 분리할 수 있을 것 같아요.

네, 맞아요. 물과 에탄올의 혼합물을 가열해 볼까요?

캐번디시는 둥근바닥 플라스크에 물과 에탄올의 혼합물과 끓임쪽을 넣고, 온도계가 꽂힌 고무마개로 입구를 막았다. 그리고 둥근바닥 플라스크를 가열 장치 위에 놓고, 냉각 장치와 연결한 다음 알코올램프에 불을 붙여 온도 변화를 관찰했다. 잠시 후 시험관 안에 액체 방울이 모이기 시작했다. 캐번디시는 시간에 따른 온도 변화를 그래프로 나타냈다.

다음 페이지의 물과 에탄올 혼합물의 가열 곡선을 살펴봅시다. A 구간에서는 온도가 비교적 빠른 속도로 올라가고 있

분별 증류 : 물과 에탄올 혼합물 분리하기

네요. 그런데 B 구간에서는 온도가 매우 천천히 올라가고 있군요. 혼합물을 가열할 때 알코올램프의 불을 약하게 한 것도 아닌데, B 구간에서는 온도가 매우 조금 올라갔습니다. B

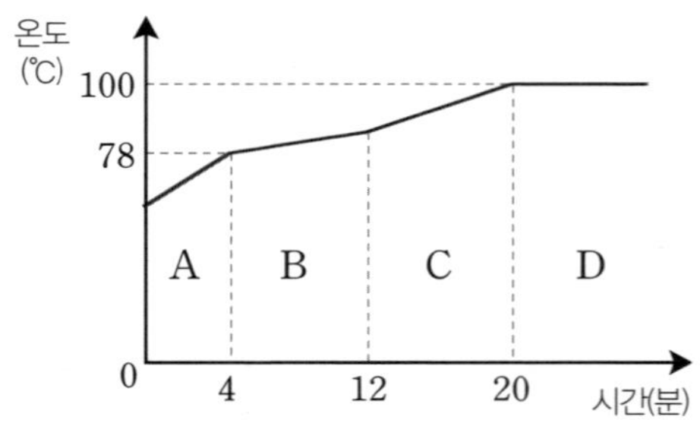

구간에서는 어떤 일이 일어난 걸까요?

＿B 구간의 온도가 78℃보다 약간 높은 것으로 보아 에탄올이 B 구간에서 끓었을 것 같아요.

네, 정확하게 예측했습니다. 물과 에탄올의 혼합물을 가열하면, 물보다 끓는점이 낮은 에탄올이 먼저 끓기 시작합니다. 액체 상태의 에탄올이 기화하면 기체 상태의 에탄올이 둥근바닥 플라스크의 위쪽으로 올라가서 둥근바닥 플라스크의 가지 부분으로 이동해요. 기체 상태의 에탄올은 가지와 고무관, 유리관을 통과하여 찬물이 담긴 시험관에 도달하면 온도가 낮아지므로 다시 액체 상태로 변합니다.

삼각 플라스크 안의 에탄올이 거의 다 기화되면 C 구간에는 물만 존재하겠지요? 그래서 C 구간에서는 물의 온도가 상승하고, D 구간에서는 물이 끓습니다. D 구간에서 끓는 액체는 에탄올이 섞여 있지 않은 순수한 물이므로 끓는점이 100℃로 일정하지요. D 구간에서 시험관에 모이는 액체는 바로 순수한 물입니다. B 구간과 D 구간에서 각각 다른 시험관을 사용한다면 순수한 물과 에탄올을 분리할 수 있겠지요?

이와 같이 두 가지 이상의 액체가 섞여 있는 혼합물을 성분 물질의 끓는점 차이를 이용하여 각 성분으로 분리하는 방법을 분별 증류라고 합니다. 분별 증류를 하면 끓는점이 낮은

물질이 먼저 분리되어 나오고 끓는점이 높은 물질은 나중에 분리됩니다. 다음 그래프는 시간에 따른 물과 에탄올 각각의 온도 변화와 물과 에탄올 혼합물의 온도 변화를 비교한 것입니다.

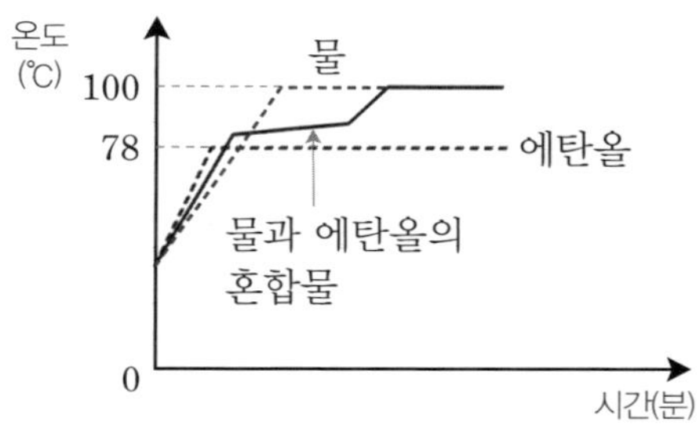

원유의 분별 증류

여러분, 혹시 자동차의 종류에 따라 공급해야 하는 연료가 다르다는 사실을 알고 있나요?

__ 네. 주유소에서 경유, 휘발유 등을 파는 것을 봤어요.

__ 저는 LPG 충전소에서 택시에 LPG를 충전하는 모습을 봤어요.

네, 맞아요. 자동차는 그 종류에 따라 경유, 휘발유, LPG 등 각 자동차에 적합한 연료를 사용하고 있지요. 그런데 이들 물질은 모두 원유에서 얻을 수 있습니다.

정유 공장

위 사진은 원유를 정제하는 정유 공장의 모습을 나타낸 거예요. 그렇다면 원유란 무엇일까요?

__ 중동 아시아 지역에서 원유가 많이 생산된다는 이야기를 들은 적이 있어요.

원유는 푸른빛이 도는 검정색의 끈적끈적한 물질이에요. 원유에는 끓는점이 다른 여러 가지 물질이 섞여 있습니다. 그래서 원유를 분별 증류하여 여러 가지 물질로 분리하면 각 물질들을 용도에 맞게 사용할 수 있지요. 원유를 분별 증류하는 장치를 증류탑이라고 해요. 증류탑은 연속적으로 분별 증류가 일어날 수 있도록 여러 층으로 이루어져 있습니다.

증류탑의 아래쪽에서 원유를 가열하면 원유가 기체 상태로

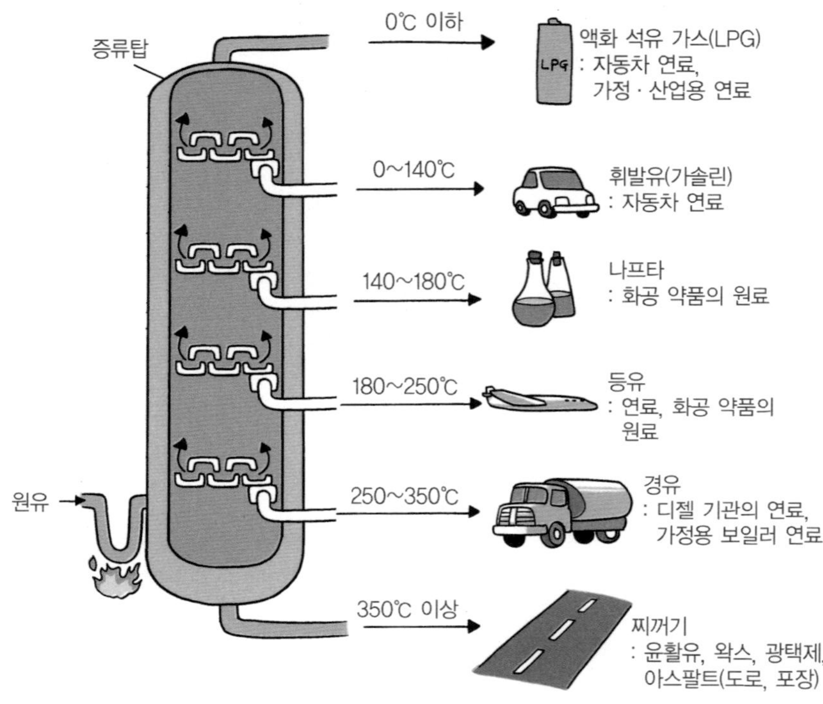

분별 증류 : 원유의 성분 분리하기

변합니다. 이 기체를 증류탑으로 보내면 끓는점이 낮은 성분 물질은 증류탑의 높은 곳까지 기체 상태로 올라가지만, 끓는점이 높은 성분 물질은 증류탑의 낮은 곳에서 액체로 변하지요. 결국 증류탑 안에서 원유가 끓는점의 차이에 따라 여러 가지 성분 물질로 분리되는 것입니다.

물에 녹지 않는 기체 혼합물의 분리

이번에는 성분 물질의 끓는점 차이를 이용하여 기체 혼합물을 분리하는 방법에 대해 살펴볼게요. 끓는점의 차이가 그리 크지 않은 질소(끓는점 : $-196℃$)와 산소(끓는점 : $-183℃$) 기체의 혼합물은 어떻게 분리할 수 있을까요?

두 기체를 $-200℃$ 정도로 냉각시키면 두 기체의 끓는점보다 온도가 낮아지므로 모두 액체로 변합니다. 그리고 온도를 서서히 높이면 끓는점이 낮은 질소가 먼저 기체로 변하므로 질소와 산소 기체를 분리할 수 있지요.

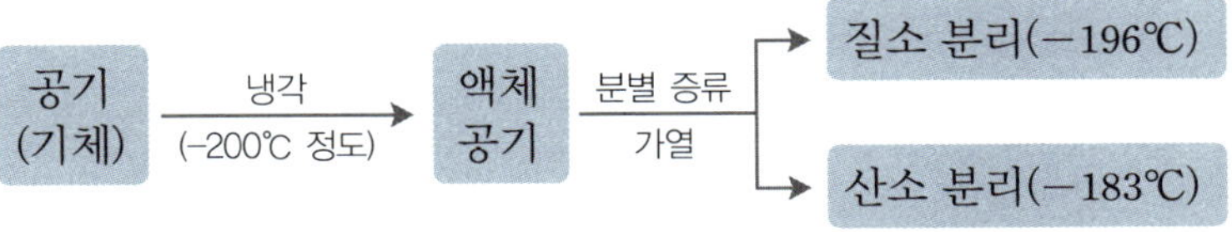

기체 혼합물에서 질소와 산소 분리하기

끓는점 차이가 큰 뷰테인(끓는점 : $-0.5℃$)과 프로페인(끓는점 : $-43℃$) 기체의 혼합물은 어떻게 분리할 수 있을까요? 두 기체의 혼합물을 $-0.5℃$보다 낮고, $-43℃$보다 높은 온도로 냉각시키면 끓는점이 높은 뷰테인 성분만 액체로 변합니다. 따라서 뷰테인과 프로페인을 분리할 수 있지요.

뷰테인과 프로페인 기체 혼합물의 분리

과학자의 비밀노트

LPG와 LNG

석유 가스는 원유를 채굴하거나 정제하는 과정에서 나오는 기체를 말하는데, 프로페인과 뷰테인이 많이 포함돼 있다. 이 기체를 상온에서 압력을 가하여 액화시킨 LPG(액화 석유 가스 : Liquefied Petroleum Gas)는 소형의 압력 용기에 충전하여 가정용 혹은 차량용 연료로 사용하고 있다. 메테인을 주성분으로 하는 천연 가스를 정제하여 액화시키면 LNG(액화 천연 가스 : Liquefied Natural Gas)가 된다. LNG는 가정용 도시 가스로 사용되고 있다. 천연 가스를 200기압 이상의 높은 압력으로 압축시킨 것을 CNG(압축 천연 가스 : Compressed Natural Gas)라고 하는데, CNG는 주로 버스의 연료로 사용된다.

가스의 종류	LPG		LNG
주성분	프로페인(C_3H_8)	뷰테인(C_4H_{10})	메탄(CH_4)
끓는점(℃)	−42	−0.5	−164
밀도	공기보다 크다.		공기보다 작다.
가스경보기 설치 위치	아래쪽		위쪽

밀도 차이를 이용하여 액체 혼합물 분리하기

두 개의 비커에 물과 식용유가 있어요. 물과 식용유를 하나의 비커에 부으면 서로 섞이지 않고 층을 이루지요. 물과 식용유의 혼합물을 어떻게 하면 분리할 수 있을까요?

끓는점의 차이를 이용한 분별 증류를 이용하면 가능하지 않을까요?

분별 증류는 서로 잘 섞이고, 끓는점의 차이가 많이 나는 액체 혼합물을 분리할 때는 편리하지만 물과 식용유같이 서로 잘 섞이지 않는 액체 혼합물을 분리하기는 어렵답니다. 물과 식용유같이 서로 잘 섞이지 않는 액체 혼합물을 분리하는 방법에 대해 알아볼게요. 그리고 이 원리를 이용하여 고체 혼합물도 분리해 보겠습니다.

캐번디시는 분별 깔때기의 아래쪽에 있는 콕을 잠그고, 물과 식용유 혼합물을 넣었다. 그리고 다시 마개를 닫고 분별 깔때기를 세게 흔든 후에 스탠드의 링에 꽂았다. 시간이 지나자 물과 식용유는 두 층으로 나뉘었다.

자, 이제 어떻게 하면 물과 식용유를 분리할 수 있을까요?

　＿ 콕을 열어서 아래쪽에 있는 물을 먼저 분리해 내야 할 것 같아요.

　그렇지요! 콕을 열면 아래쪽에 있는 물이 먼저 나오는데, 이 물을 비커에 받으면 됩니다. 이때 위쪽의 마개도 열어야 물이 잘 나옵니다. 그리고 물과 식용유의 경계에 있는 물질이 나오기 직전에 분별 깔때기 아래쪽의 비커를 다른 것으로 교체하는 것이 좋아요. 물과 식용유의 경계에 있는 물질이

계면 활성제란?

잘 섞이지 않는 물과 기름의 혼합물에 계면 활성제를 넣으면 물과 기름의 경계가 없어지고 잘 섞인다. 계면 활성제는 친수성기와 친유성기를 모두 가지고 있다. 친수성기는 물과 친하고, 친유성기는 기름과 친하기 때문에 계면 활성제는 물과 기름이 잘 섞이도록 한다. 계면 활성제가 포함되어 있는 비누나 샴푸를 이용하여 기름때를 지울 수 있다.

모두 나왔다고 생각되면, 비커를 또 다른 것으로 바꾸어 남아 있는 식용유를 담아내면 되지요. 분별 깔때기를 이용하면 스포이트를 이용할 때보다 훨씬 많은 양의 혼합물을 단시간에 분리할 수 있습니다.

다음 표는 분별 깔때기로 분리할 수 있는 액체 혼합물을 정리한 거예요. 밀도 차이가 나는 두 가지 이상의 혼합물이 서

액체 혼합물	밀도가 작은 것(위층)	밀도가 큰 것(아래층)
식용유와 간장	식용유	간장
물과 석유	석유	물
물과 수은	물	수은
물과 에테르	에테르	물
물과 사염화탄소	물	사염화탄소

로 섞이지 않고 층을 이루고 있을 때 분별 깔때기를 이용하는 것이 효과적이지요.

밀도 차이를 이용한 고체 혼합물의 분리

지금까지 분별 깔때기를 이용하여 액체 혼합물을 분리해 보았어요. 액체 혼합물뿐만 아니라 여러 가지 고체 혼합물도 밀도 차이를 이용하여 분리할 수 있을까요?

캐번디시는 좋은 볍씨와 쭉정이가 섞인 혼합물을 학생들에게 보여 주었다.

한국에서는 밥을 주식으로 먹지요? 밥은 쌀을 익힌 것이고, 쌀은 벼를 키워 수확한 열매입니다. 논에 벼를 키울 때는 볍씨를 땅에 직접 뿌리는 것이 아니라 볍씨의 싹을 틔워서 모가 되었을 때 논에 모내기를 하지요. 따라서 좋은 볍씨를 이용해서 모를 키우는 것이 벼농사에서는 무엇보다 중요한 일이랍니다. 어떻게 하면 좋은 볍씨와 쭉정이가 섞여 있는 혼합물에서 좋은 볍씨만 골라낼 수 있을까요?

__ 좋은 볍씨를 손으로 하나하나 골라내는 것은 너무 힘들 것 같아요.

　　__ 좋은 볍씨와 쭉정이의 크기가 비슷하기 때문에 체를 이용하기도 힘들어요.

　　__ 액체 혼합물을 분리할 때 사용했던 분별 깔때기를 이용할 수도 없네요.

캐번디시는 큰 수조에 물을 담고, 소금을 넣어 소금물을 만들었다. 좋은 볍씨와 쭉정이가 섞인 것을 소금물에 부었더니 쭉정이는 소금물 위로 뜨고, 좋은 볍씨는 가라앉았다.

좋은 볍씨와 쭉정이 그리고 소금물의 밀도를 비교해 볼까요? 소금물에 가라앉아 있는 좋은 볍씨의 밀도가 가장 크고,

소금물에 뜬 볍씨의 밀도가 가장 작지요. 그러니까 소금물의 밀도는 쭉정이의 밀도보다는 크고, 좋은 볍씨의 밀도보다는 작은 것입니다. 이렇듯 좋은 볍씨와 쭉정이의 중간 정도 밀도를 가지는 액체 물질로 고체 혼합물을 분리할 수 있어요.

다른 예를 살펴볼까요? 오래된 달걀과 싱싱한 달걀이 섞여 있는 바구니에서 싱싱한 달걀만 골라내려면 어떻게 해야 할까요?

__ 이번에도 오래된 달걀과 싱싱한 달걀의 중간 밀도를 가지는 액체 물질을 사용하면 되지 않을까요?

역시 하나를 가르치면 열을 아는군요! 네, 맞습니다. 이번에도 소금물을 이용해 볼게요. 오래된 달걀과 싱싱한 달걀을 모두 소금물에 넣으면 오래된 달걀은 위로 뜨고 싱싱한 달걀은 아래쪽으로 가라앉지요. 달걀은 오래될수록 안쪽에 공기

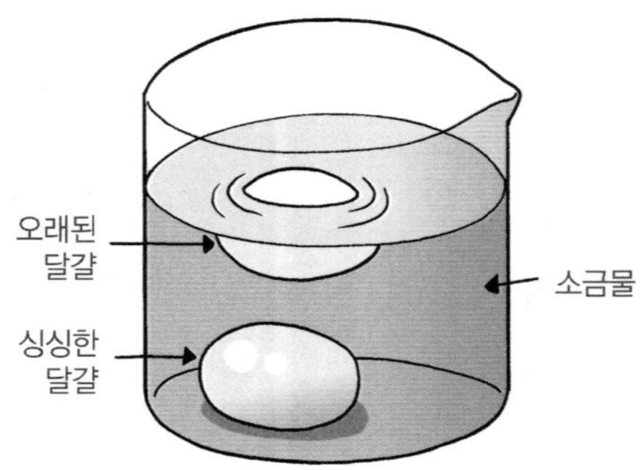

집이 커지기 때문에 밀도가 작아져서 소금물에 넣었을 때 위로 뜬답니다.

여러 가지 고체 혼합물을 밀도 차이를 이용하여 분리할 때는 고체 물질을 녹이지 않는 액체를 이용하는 것이 좋아요. 하지만 고체 혼합물 중 특정 성분을 녹이는 액체를 사용한 경우에는 어떻게 하면 될까요? 용매에 녹은 고체 물질을 다시 분리하면 되지요. 용매에 녹은 고체 물질을 어떻게 분리하느냐고요? 이 질문에 대한 답은 다음 시간에 알아보기로 해요. 그럼, 다음 시간에 다시 만나요.

박사님, 제가 국수를 맛있게 삶아서 대접할게요.
기대할게요. 그런데 삶는 물에 소금을 조금 넣어 주면 물의 끓는점보다 높은 온도에서 끓게 되어 더 맛있어진답니다.

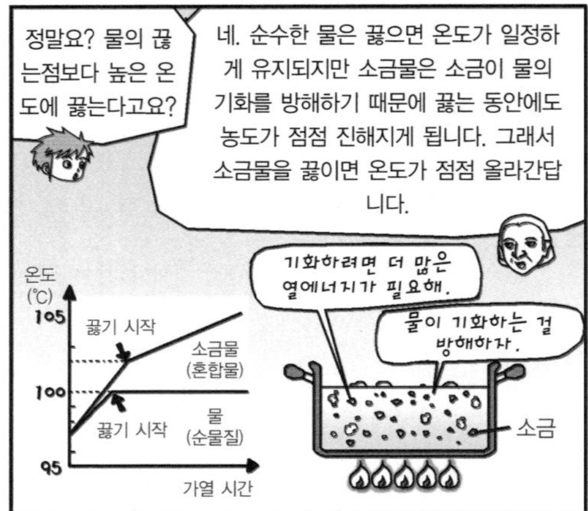
정말요? 물의 끓는점보다 높은 온도에 끓는다고요?
네. 순수한 물은 끓으면 온도가 일정하게 유지되지만 소금물은 소금이 물의 기화를 방해하기 때문에 끓는 동안에도 농도가 점점 진해지게 됩니다. 그래서 소금물을 끓이면 온도가 점점 올라간답니다.
기화하려면 더 많은 열에너지가 필요해.
물이 기화하는 걸 방해하자.
온도 (℃)
105
100
95
끓기 시작
끓기 시작
소금물 (혼합물)
물 (순물질)
가열 시간
소금

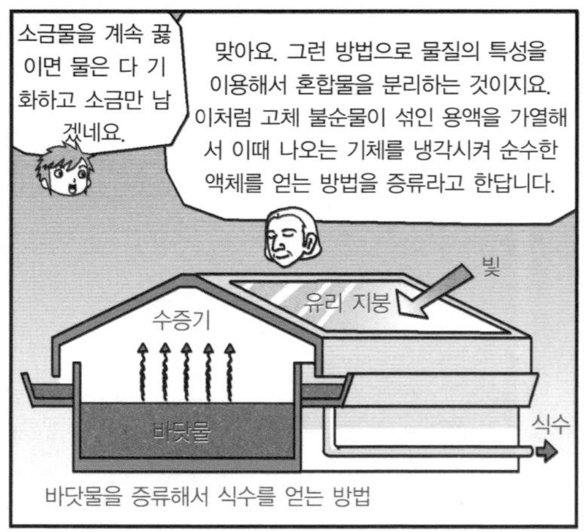
소금물을 계속 끓이면 물은 다 기화하고 소금만 남겠네요.
맞아요. 그런 방법으로 물질의 특성을 이용해서 혼합물을 분리하는 것이지요. 이처럼 고체 불순물이 섞인 용액을 가열해서 이때 나오는 기체를 냉각시켜 순수한 액체를 얻는 방법을 증류라고 한답니다.
빛
유리 지붕
수증기
바닷물
식수
바닷물을 증류해서 식수를 얻는 방법

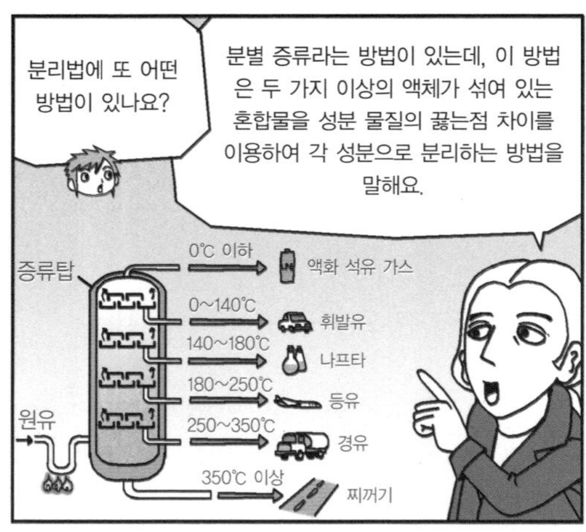
분리법에 또 어떤 방법이 있나요?
분별 증류라는 방법이 있는데, 이 방법은 두 가지 이상의 액체가 섞여 있는 혼합물을 성분 물질의 끓는점 차이를 이용하여 각 성분으로 분리하는 방법을 말해요.
증류탑
원유
0℃ 이하 → 액화 석유 가스
0~140℃ → 휘발유
140~180℃ → 나프타
180~250℃ → 등유
250~350℃ → 경유
350℃ 이상 → 찌꺼기

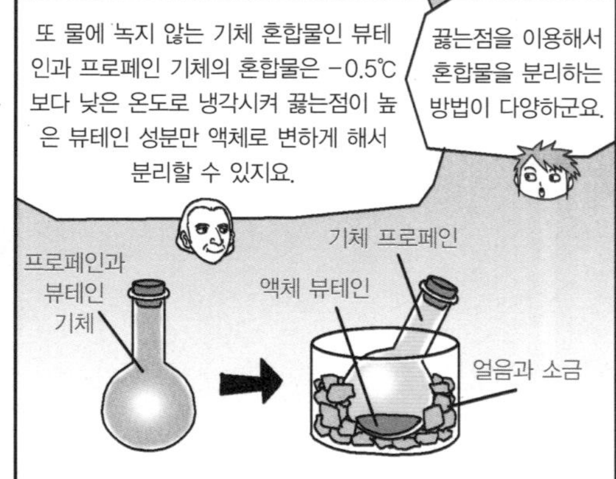
또 물에 녹지 않는 기체 혼합물인 뷰테인과 프로페인 기체의 혼합물은 −0.5℃보다 낮은 온도로 냉각시켜 끓는점이 높은 뷰테인 성분만 액체로 변하게 해서 분리할 수 있지요.
끓는점을 이용해서 혼합물을 분리하는 방법이 다양하군요.
프로페인과 뷰테인 기체
기체 프로페인
액체 뷰테인
얼음과 소금

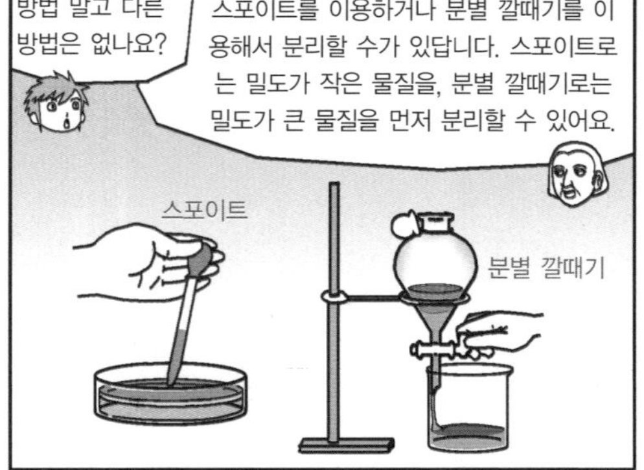
끓는점을 이용한 방법 말고 다른 방법은 없나요?
물론 있지요. 밀도가 다른 액체 혼합물은 스포이트를 이용하거나 분별 깔때기를 이용해서 분리할 수가 있습니다. 스포이트로는 밀도가 작은 물질을, 분별 깔때기로는 밀도가 큰 물질을 먼저 분리할 수 있어요.
스포이트
분별 깔때기

6

혼합물의 분리 2

용해도의 차이와 크로마토그래피를 이용하여 혼합물을 분리하는 방법을 알아봅시다.

6

혼합물의 분리 2

교.
과.
연.
계.

초등 과학 5-2   2. 용해와 용액
중등 과학 3   2. 물질의 특성

캐번디시가 칠판에 한자를 쓰고
마지막 수업을 시작했다.

類類相從

여러분, 이 한자를 읽을 수 있는 사람 있나요?

__ 유유상종입니다.

네, 잘 대답했습니다. 요즘 여러분이 한자 공부를 열심히 하는 것 같아 내가 일부러 한자를 써 봤어요. 사실 난 여러분만큼 한자를 잘 알지는 못해요. 이렇게 어려운 한자를 읽다니 정말 대단하네요. 다시 한 번 감탄했습니다.

처음 두 글자는 종류를 뜻하는 '무리 유' 예요. 그리고 '서로 상', '좇을 종' 이지요. '유유상종' 이란 서로 비슷한 부류의 사람들끼리 어울려 지낸다는 뜻입니다. 우리가 지금까지 공부하고 있는 여러 가지 물질도 마찬가지랍니다. 비슷한 성질을 가진 것끼리 친하기 때문에 서로 섞여서 다른 물질을 녹이기도 합니다. 지난 수업에서 어떤 물질이 다른 물질에 녹는 현상을 무엇이라고 했지요?

__ 용해라고 했어요.

잘 알고 있군요. 용매의 종류에 따라 용질의 용해 여부가 결정됩니다. 소금은 물에는 잘 녹지만, 기름에는 잘 녹지 않지요.

어떤 온도에서 용매 100g에 최대한으로 녹을 수 있는 용질의 g수는 무엇이라고 했나요?

__ 용해도라고 했어요.

네, 잘 알고 있군요. 용해도는 온도나 압력의 변화에 따라 달라지는 성질이 있다는 것도 기억하고 있겠지요?

__ 네!

이번 시간에는 용매에 따른 용해도 차이와 온도에 따른 용해도 차이를 이용한 혼합물의 분리 방법에 대해 알아보겠습니다.

거름

여러분, 내가 오늘 어디에 다녀왔는지 아세요?

＿ 어디에 다녀오셨어요?

내게서 약간 짠 냄새가 나지 않나요? 난 오늘 아주 재미있는 체험을 하고 왔어요.

＿ 짠 냄새라…… 혹시 바닷가에 다녀오셨나요?

비슷합니다. 바닷물을 가두어 소금을 만드는 염전에 다녀왔어요.

＿ 염전이요?

네. 염전이란 말 그대로 소금을 만드는 밭입니다. 염전에서는 바닷물을 가두어 물을 증발시켜서 소금을 만들고 있었어요. 나는 소금을 채취하여 봉지에 잔뜩 담았어요. 그리고는 여러분에게 내가 채취한 소금을 빨리 보여 주기 위해 모래사장 위를 달렸지요. 그런데 그만 넘어져서 소금이 모래 위에 쏟아져 버리고 말았어요.

캐번디시가 모래가 섞인 소금을 학생들에게 보여 주었다.

여러분, 모래에서 소금을 분리할 수 있을까요? 모래와 소금 입자 하나하나를 손으로 분리해 내려면 너무 힘들겠지요?

그리고 모래와 소금 입자의 크기도 비슷해서 체에 넣고 거르기도 힘들겠네요. 그렇다면 모래와 소금의 혼합물을 물에 넣으면 어떨까요?

__ 모래는 물에 녹지 않고, 소금만 물에 녹아요.

__ 선생님, 그럼 모래와 소금물이 되겠네요! 그러면 모래와 소금물을 어떻게 분리해요?

캐번디시는 거름종이를 접어 깔때기에 넣고, 깔때기 아래쪽에 비커를 놓았다. 그리고 거름종이에 모래가 들어 있는 소금물을 조금씩 부었다. 깔때기의 아래쪽에 있는 비커에는 투명한 액체가 모였고,

거름종이 위에는 모래가 남았다.

여러분, 거름종이를 통과한 액체는 무엇일까요?

__ 소금물이에요!

네, 맞습니다. 그런데 소금과 모래를 넣은 물을 거름종이에 부었는데, 왜 소금은 거름종이를 통과하고 모래는 거름종이를 통과하지 못했을까요?

거름종이에는 우리 눈에 보이지 않는 매우 작은 크기의 구멍이 수없이 많이 나 있어요. 거름종이의 구멍보다 크기가 큰 모래 알갱이는 거름종이를 통과하지 못하지만, 소금과 물

의 알갱이는 거름종이의 구멍보다 크기가 작아서 거름종이
를 통과할 수 있지요. 그래서 모래는 거름종이 위에 남고, 소
금물은 거름종이를 통과하는 것입니다.

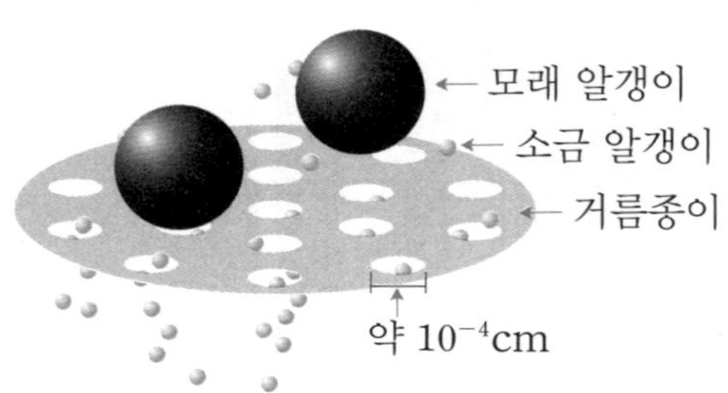

그렇다면 소금물에서 소금은 어떻게 분리할 수 있을까요?

__ 소금물을 가열하여 물을 증발시키면 돼요.

네, 잘 대답했어요. 소금물을 가열하면 물만 증발하여 소금
만 남습니다. 염전에서 바닷물로부터 소금을 얻는 것과 같은
원리라고 할 수 있지요.

이와 같이 어떤 용매에 잘 녹는 고체와 그렇지 않은 고체가
섞여 있는 혼합물을 분리할 때는 혼합물의 성분 물질 중 한
가지만을 잘 녹이는 용매에 혼합물을 넣어 특정 성분을 용해
시킨 다음, 거름 장치로 용해되지 않은 고체를 걸러서 분리
할 수 있어요. 이와 같은 방법을 거름이라고 합니다.

그런데 반드시 물만 용매로 사용할 수 있는 것은 아니에요.

염화나트륨과 나프탈렌의 혼합물의 경우, 물을 용매로 사용하면 염화나트륨은 용해되고 나프탈렌은 용해되지 않지요. 하지만 에탄올을 용매로 사용하면 염화나트륨은 용해되지 않고 나프탈렌만 용해됩니다. 용매의 종류에 따라 용해되는 용질의 종류가 달라질 수 있다는 사실도 알아 두세요.

거름을 할 때는 거름종이만 사용할 수 있는 것은 아니에요. 거름종이 대신 셀로판지도 사용할 수 있지요. 우유와 설탕물의 혼합물을 분리할 때, 거름종이를 사용하면 우유 입자와 설탕 입자가 모두 거름종이를 통과하기 때문에 이들을 분리할 수 없어요. 이때는 셀로판지를 이용할 수 있지요. 우유 입자는 셀로판지를 통과하지 못하지만, 설탕 입자는 셀로판지를 통과할 수 있기 때문입니다.

추출

여러분은 부모님이나 다른 어른을 위해서 커피를 타 본 적이 있나요?

＿ 네, 저요! 저는 뜨거운 물에 커피 두 숟가락, 설탕 두 숟가락, 크림 한 숟가락을 넣어서 커피를 타 본 적이 있어요.

＿ 저는 커피, 설탕, 크림이 섞인 믹스커피 한 봉지를 뜨거운 물에 쏟아 넣어 커피를 타 본 적이 있어요.

물에 커피, 설탕, 크림을 넣으면 용해되어서 용액이 되지요. 요즈음에는 건강을 생각하여 커피 대신 녹차를 즐겨 마시는 사람들이 많다고 들었어요. 나도 한국에 와서 녹차를 처음으로 마셔 봤는데, 향긋한 향과 개운한 맛이 일품이었어요. 혹시 커피뿐만 아니라 녹차에도 용해의 원리가 숨어 있다는 사실을 알고 있나요?

＿ 정말 녹차에도 용해의 원리가 있나요? 녹차는 커피, 설탕, 크림처럼 가루 물질을 넣어서 녹이는 것이 아닌데요?

네. 마른 녹차 잎을 물에 넣으면 녹차 잎의 특정 성분이 물에 용해되지요. 이 용액이 바로 녹차입니다. 이와 같이 혼합물 중에서 특정 물질만 용해할 수 있는 용매를 사용하여 물질을 분리하는 방법을 추출이라고 해요.

떫은 감도 소금물에 넣으면, 감의 떫은 성분만 소금물에 용해되기 때문에 떫은 맛이 나지 않는 맛있는 감으로 변신할 수 있습니다. 그리고 한약재를 물과 함께 끓이면 한약 성분만 물에 용해되지요.

추출은 식물의 잎에

녹차

서 엽록소를 분리하거나 식물 속에서 약용 성분을 분리할 때 주로 사용하고 있어요. 다양한 식품 가공품에서 '○○ 추출물'이라는 글귀가 적혀 있으면, 모두 추출의 원리를 이용한 것이라는 것을 잊지 마세요.

기체 혼합물의 분리

지금까지 용매에 대한 용해도 차이를 이용해 고체 혼합물을 분리하는 방법인 거름과 추출에 대해 알아보았어요. 용매에 대한 용해도 차이를 이용하여 고체뿐만 아니라 기체 혼합물도 분리할 수 있을까요?

기체 혼합물 중 한 가지 성분 물질만 잘 녹이는 용매에 기체 혼합물을 통과시키면 가능합니다. 암모니아 기체는 물에 잘 녹지만, 공기는 물에 잘 녹지 않아요. 그래서 공기 중에 암모니아 냄새가 나는 경우에는 그림과 같은 장치를 이용하여 물을 뿌리지요. 물에 잘 녹는 암모니아 기체는 암모니아수가 되어 아래쪽으로 흐르기 때문에 공기와 암모니아를 분리할 수 있어요.

이와 같이 물에 잘 녹는 기체와 물에 잘 녹지 않는 기체가 섞여 있을 때, 혼합 기체를 물에 통과시키면 분리할 수 있어요. 암모니아 외에도 이산화황이나 산화질소 등의 기체가 물

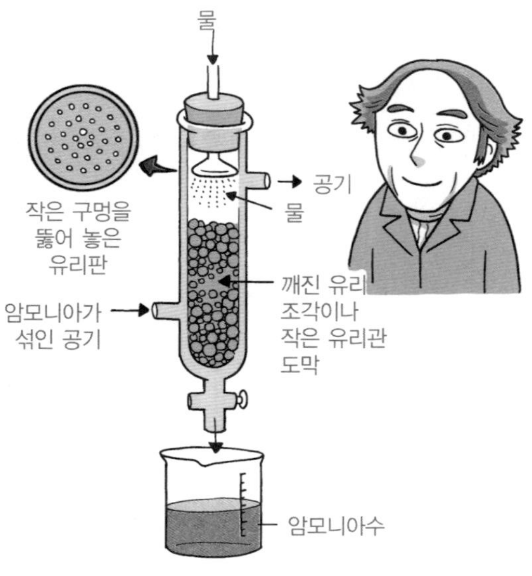

기체 혼합물의 분리

에 잘 녹는 성질이 있고, 질소, 산소, 수소 등의 기체는 물에
잘 녹지 않는 성질이 있습니다. 석유나 석탄 등의 연료가 연
소할 때 나오는 이산화황이나 산화질소 기체를 물에 통과시
켜 굴뚝의 연기를 정화하기도 하지요.

재결정

내가 염전에서 채취한 소금에는 어떤 성분이 들어 있을까
요? 바닷물을 증발시켜 만든 천일염에는 염화나트륨 이외의
여러 가지 성분이 포함되어 있습니다. 천일염에서 염화나트

름만 분리해 볼게요.

캐번디시는 비커에 뜨거운 물을 담고, 천일염을 넣어 포화 상태로
만들었다.

이 천일염을 녹인 물을 가만히 두면 어떻게 될까요?
＿ 천일염을 녹인 물이 점점 식고, 물이 증발할 것 같아요.
오랫동안 방치하면 천일염을 녹인 물에서 물이 모두 증발해
처음에 넣었던 천일염만 비커에 남을 것 같아요.
네, 그렇지요. 천일염을 녹인 물을 가만히 두면 천일염에서
염화나트륨 성분만 분리할 수 없어요. 그러면 어떻게 하면
좋을까요?

캐번디시는 순수한 염화나트륨 결정을 실에 묶어 천일염을 녹인 물
에 넣었다. 천일염을 녹인 물에는 아무런 변화가 생기지 않았다.

이 실험은 우리의 인내를 필요로 해요. 다른 실험과는 달리
그 결과가 단시간 내에 나타나지 않기 때문이지요.
＿ 이렇게 하면 정말 순수한 염화나트륨 결정을 얻을 수 있
나요?

캐번디시는 미리 실험하여 얻은 염화나트륨 결정을 꺼내어 학생들에게 보여 주었다. 정육면체 모양의 염화나트륨 결정이 포도송이처럼 조밀하게 붙어 있었다.

이것은 내가 미리 같은 실험을 해서 만든 결정이에요. 염화나트륨 결정이 어떻게 자라났는지 설명할게요.

천일염을 녹인 물속에는 염화나트륨뿐만 아니라 다른 물질도 조금 섞여 있어요. 고체 물질의 용해도는 온도가 낮아지면 작아지는 경향이 있어요. 이미 배운 내용이라 잘 알고 있겠지요? 염화나트륨은 온도에 따른 용해도의 변화가 다른 물

재결정 : 천일염에서 순수한 염화나트륨 분리하기

질에 비해 작은 편이기는 하지만, 온도가 낮아지면 용해도가 작아지는 경향이 있어요.

그리고 시간이 지남에 따라 물이 증발하면 용매의 양이 감소하므로 용매에 용해될 수 있는 용질의 양도 점점 줄어들지요. 그래서 염화나트륨이 더 이상 용해되지 못하고 고체 상태로 석출되어 처음에 넣었던 염화나트륨 결정에 달라붙어서 염화나트륨 결정이 점점 커지는 것입니다.

그렇다면 남아 있는 용액에는 염화나트륨이 없을까요? 남아 있는 용액은 불순물이 일부 포함된 염화나트륨 용액이지요. 이때 온도가 낮아지고 용매의 양이 약간 줄어들더라도 소량의 불순물은 그 양이 적어서 포화 상태에 이르지 못하므로 결정으로 석출되지 않는 것이고요.

이와 같이 적은 양의 불순물이 섞여 있는 고체 혼합물을 용매에 녹인 후 다시 결정을 석출시켜 순수한 고체를 얻는 방법을 재결정이라고 합니다.

분별 결정

염화나트륨과 같이 흰색의 가루 물질에는 여러 가지가 있어요. 어떤 것이 있을까요?

__ 설탕도 흰색 가루 물질이에요.

　__ 탄산나트륨도 흰색 가루 물질이지요.

　__ 눈이 왔을 때 도로에 뿌리는 염화칼슘도 흰색 가루 물질이에요.

　__ 지난 2011년 3월에 일본에서 지진이 일어났을 때 일본인들이 원자로의 냉각을 위해 지원을 요청한 붕산도 흰색 가루 물질이었어요.

　모두 잘 이야기했어요. 내가 여러분에게 여러 가지 흰색 가루 물질을 보여 주려고 실험실에서 약품을 챙기다가 실수로 염화나트륨과 붕산을 같은 통에 부어 섞어 버렸어요. 붕산을 이용하여 꼭 하고 싶은 실험이 있는데, 염화나트륨과 붕산의 혼합물을 어떻게 분리해야 할까요?

　혼합물을 분리하기 전에 염화나트륨과 붕산의 특징에 대해 알아봅시다. 염화나트륨과 붕산이 가진 물질의 특성 중에서 매우 큰 차이를 보이는 것은 무엇일까요?

　__ 두 물질은 온도에 따른 용해도가 매우 다른 물질이에요. 붕산은 염화나트륨에 비해 온도에 따른 용해도 변화가 아주 커요.

　그렇다면 붕산과 염화나트륨의 혼합물을 용해도의 차이를 이용하여 분리해 볼까요? 먼저 붕산과 염화나트륨의 혼합물을 뜨거운 물에 녹일게요. 그런 다음 이 용액의 온도를 급하

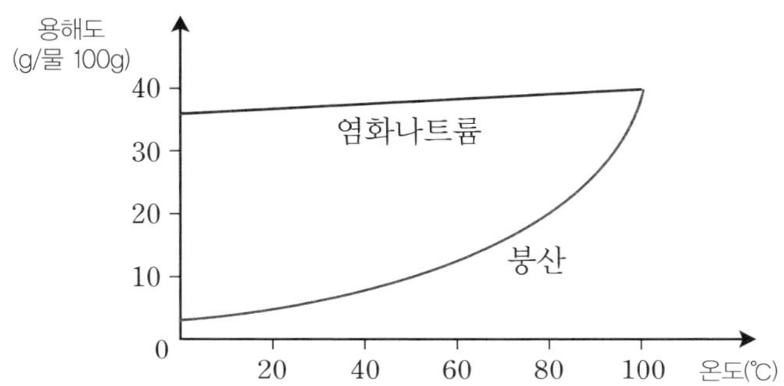

게 낮추면 어떤 물질이 석출될까요?

___ 붕산과 염화나트륨 중에서 붕산이 온도에 따른 용해도 차이가 크기 때문에 붕산이 석출되어 나올 것 같아요.

네, 맞아요. 붕산이 석출됩니다. 이때 석출되는 붕산은 용액 속에 들어 있는 붕산의 전부는 아니에요! 처음에 물에 녹인 붕산의 양에서 냉각된 온도에서 최대로 녹을 수 있는 붕산의 양을 뺀 양만큼의 붕산이 석출되지요. 그리고 석출된 붕산은 거름 장치를 이용하여 분리할 수 있어요.

이와 같이 온도에 따른 용해도의 차이가 큰 고체와 작은 고체의 혼합물을 높은 온도에서 용매에 녹인 후 냉각시켜 각각의 성분 물질로 분리하는 방법을 분별 결정이라고 하지요.

여러분, 재결정과 분별 결정의 차이를 구분할 수 있나요? 어떤 경우에 재결정의 방법을 쓰고, 어떤 경우에 분별 결정

분별 결정 : 붕산과 염화나트륨 분리하기

의 방법을 써서 혼합물을 분리하면 될까요?

　＿ 재결정과 분별 결정은 비슷한 방법인 것 같은데요. 어떤 방법을 쓰든 상관없지 않을까요?

　＿ 방법이 다르니까 쓰임새도 다를 것 같긴 한데, 잘 모르겠어요.

　재결정과 분별 결정은 혼합물을 높은 온도의 용매에 용해시킨 후 다시 냉각시킨다는 점에서는 공통점이 있어요. 그러나 재결정은 한 가지 성분 물질만 얻는 경우에 사용하고, 분별 결정은 두 가지의 성분 물질을 각각 분리할 때 사용합니다. 이제 재결정과 분별 결정의 차이를 잘 알겠지요?

　＿ 네, 선생님!

지금까지 용매에 따른 용해도 차이와 온도에 따른 용해도 차이를 이용한 혼합물의 분리 방법에 대해 알아보았어요. 그렇다면 성질이 비슷한 성분 물질로 이루어진 혼합물은 어떻게 분리할 수 있을까요?

크로마토그래피

여러분, 이 그림을 한번 보세요! 내가 거름종이에 수성 사인펜으로 그림을 그렸는데, 실험을 하다가 물을 떨어뜨려서

그만 이렇게 되어 버렸어요.

＿ 선생님, 그 그림이 더 멋있는 것 같은데요, 하하하.

그래요? 그렇다면 다행이군요, 하하하.

번져서 더 멋있어진 이 그림에 관한 문제를 하나 낼게요. 이 그림은 원래 몇 가지 색의 수성 사인펜으로 그린 걸까요?

＿ 빨강, 파랑, 보라색 등이 칠해져 있으니까 세 가지 이상의 수성 사인펜으로 그리신 것 같은데요?

하하하. 내가 어떤 수성 사인펜으로 그렸는지 보여 줄게요. 짜잔! 바로 검은색 수성 사인펜 하나로 그린 거랍니다.

＿ 검은색 수성 사인펜으로 빨강, 파랑, 보라색 등의 여러 가지 색깔을 모두 칠했다고요?

네, 맞습니다. 그럼, 내 말이 거짓이 아니라는 것을 크로마토그래피에 대해 공부하면서 입증해 볼게요.

먼저 크로마토그래피라는 말의 뜻에 대해 알아볼까요? 크로마토그래피(chromatography)는 그리스 어로 '색'을 뜻하는 'chroma'와 '기록하다'를 뜻하는 'graphein'이라는 말을 합성한 단어예요. 즉, '색으로 기록한다'라는 뜻을 가지고 있지요. 러시아의 식물학자인 츠베트(Mihail Tsvet, 1872~1919)가 식물에 포함된 색소를 분리할 때 크로마토그래피를 처음으로 이용했답니다.

그럼 크로마토그래피를 직접 해 볼까요?

캐번디시는 길게 자른 거름종이의 아랫부분에 검은색 수성 사인펜으로 작은 점을 진하게 찍고 말리기를 반복했다. 그리고 물과 에탄올을 1 : 1의 비율로 섞어 만든 용매를 비커에 담은 후 거름종이의 끝이 용매에 잠기도록 넣고 비커를 랩으로 덮었다.

__ 선생님, 검은 색소가 위로 번지면서 여러 가지 색깔이 나타났어요.

__ 검은색은 여러 가지 색이 합쳐져서 만들어진 건가 봐요.

네, 맞아요! 크로마토그래피 결과를 보니 검은색은 검은색

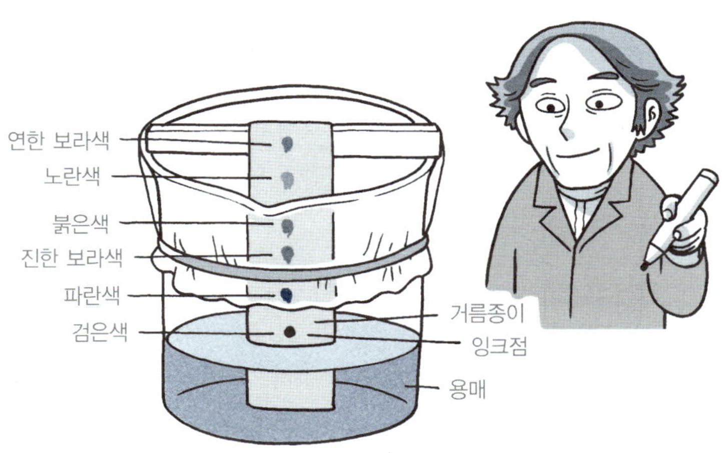

한 가지 색소로 구성된 것이 아니라, 여러 가지 색깔의 색소로 구성돼 있다는 것을 알 수 있지요? 이제 내가 처음에 보여 줬던 그림에 대해서도 여러분이 설명할 수 있겠지요?

__ 검은색으로 그린 그림이 물에 젖으면서 여러 가지 색으로 번져서 그런 거예요.

네, 잘 설명했습니다. 그렇다면 검은색이 이렇게 여러 가지 색으로 나타나게 된 이유를 알아볼게요.

용매는 거름종이에 흡수되어 거름종이 속의 작은 틈을 따라 모세관 현상에 의해 위쪽으로 올라갑니다. 용매가 검은색

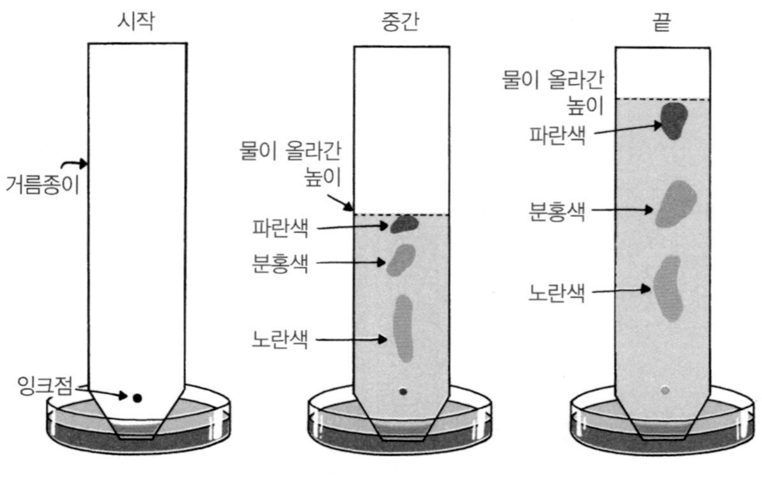

크로마토그래피

과학자의 비밀노트

모세관 현상이란?

모세관이란 털과 같이 아주 가는 관을 뜻하고, 모세관 현상이란 액체 속에 가늘고 긴 모세관을 세웠을 때 모세관 안쪽 액체의 표면이 모세관 바깥쪽 액체의 표면에 비해 높아지거나 낮아지는 현상을 말한다.

물과 같이 액체 분자 사이의 응집력보다 모세관과 액체 사이의 부착력이 더 큰 경우에는 모세관 안쪽 액체의 표면이 모세관 바깥쪽 액체의 표면보다 높다.

수은과 같이 액체 분자 사이의 응집력이 모세관과 액체 사이의 부착력보다 큰 경우에는 모세관 안쪽 액체의 표면이 모세관 바깥쪽 액체의 표면보다 낮다.

거름종이에는 작은 구멍이 서로 연결되어 모세관과 같은 역할을 한다. 그래서 거름종이 아래쪽에 물이 흡수되면 위쪽으로 올라갈 수 있기 때문에 크로마토그래피를 관찰하는 데 적당하다.

수성 사인펜을 찍은 지점에 다다르면 검은색 색소를 구성하고 있던 여러 가지 색소가 용해되어 용매와 함께 거름종이의 위쪽으로 이동하지요. 이때, 이동 속도가 느린 색소는 거름종이의 아래쪽에 머물게 되고, 이동 속도가 빠른 색소는 용매와 함께 거름종이의 높은 위치까지 올라갑니다. 그래서 검은색을 구성하고 있던 여러 가지 색소가 서로 다른 높이에서 분리되는 것입니다.

이 실험에서 거름종이에 검은색을 이루는 색소들을 분리하

여 기록한 셈이네요. 이와 같이 혼합물을 용매에 녹였을 때 각 성분 물질이 용매를 따라 이동하는 속도 차이를 이용하여 혼합물을 분리하는 방법을 크로마토그래피라고 합니다.

물질의 종류와 전개율

거름종이로 크로마토그래피를 할 때, 용매가 멀리 이동할수록 성분 물질 사이의 간격이 멀어져서 분리하기가 쉬워집니다. 그래서 가능한 거름종이 위쪽에 약간의 여유를 두고 용매가 충분히 전개되도록 하는 것이 좋습니다.

＿ 그러면 거름종이의 길이, 즉 용매의 이동 거리에 따라 성분 물질이 이동한 거리가 달라질 것 같아요.

네. 같은 용매를 사용할 때, 같은 성분의 물질도 용매의 이동 거리에 따라 거름종이에 분리된 위치가 달라지지요. 그래서 용매의 이동 거리가 같도록 하여 성분 물질의 이동 거리를 계산하는데, 이를 다음과 같은 식으로 나타낼 수 있습니다.

$$\text{전개율}(R_f) = \frac{\text{시료의 이동 거리}}{\text{용매의 이동 거리}}$$

a : 용매의 이동 거리

b : 시료의 이동 거리

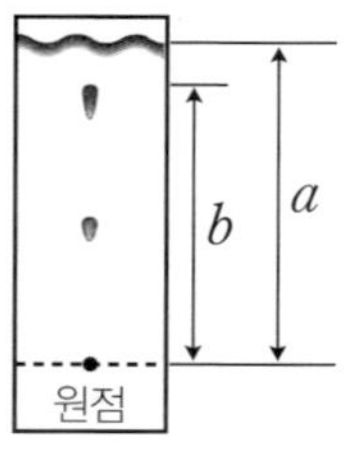

전개율(R_f, Retention factor)은 용매의 이동 거리에 대한 시료의 이동 거리이므로, 같은 용매를 사용할 경우 물질에 따라 일정한 값을 가지는 물질의 특성이지요. 따라서 미지의 물질이라도 크로마토그래피를 하여 전개율을 알아내면 그 물질이 무엇인지 판단할 수 있습니다.

이와 같이 크로마토그래피는 조작이 간단하고, 분리 시간이 짧다는 장점을 가지고 있어요. 그리고 혼합물의 양이 매우 적은 경우나 성분 물질의 성질이 비슷한 경우에도 혼합물을 효과적으로 분리할 수 있다는 장점이 있지요.

크로마토그래피의 이용

이번에는 크로마토그래피를 이용하여 시금치 속의 색소를 분리해 볼게요.

＿ 시금치의 색을 분리할 수 있나요? 초록색 말고 다른 색도 포함되어 있다는 건가요?

네, 그렇습니다. 직접 실험을 통해서 알아보도록 합시다.

캐번디시는 시금치를 잘게 잘라 막자사발에 넣고 찧은 다음, 아세톤을 약간 부었다. 그리고 시금치의 즙을 유리 모세관으로 찍어 길쭉한 거름종이의 아래에서 2~3cm 되는 곳에 묻혔다. 이 거름종이

를 아세톤이 담긴 비커에 담그고, 랩으로 밀봉했다.

시금치에서 어떤 색들이 분리되어 나왔나요?

＿ 초록색, 연두색, 황록색, 노란색 등이 나왔어요.

앞에서 수성 사인펜의 검은색 색소가 여러 가지 색깔의 색소로 분리됐던 것처럼 초록색으로만 보이는 시금치 색소도 황적색, 황색, 황록색, 청록색으로 분리가 됐어요. 황적색은 카로틴, 황색은 크산틴, 황록색은 엽록소 a, 청록색은 엽록소 b라는 성분입니다.

이렇게 여러 가지 색깔의 색소가 들어 있는 시금치는 왜 초록색으로 보일까요? 그 이유는 엽록소 a와 엽록소 b가 카로틴이나 크산틴에 비해 더 많이 포함돼 있기 때문입니다. 시

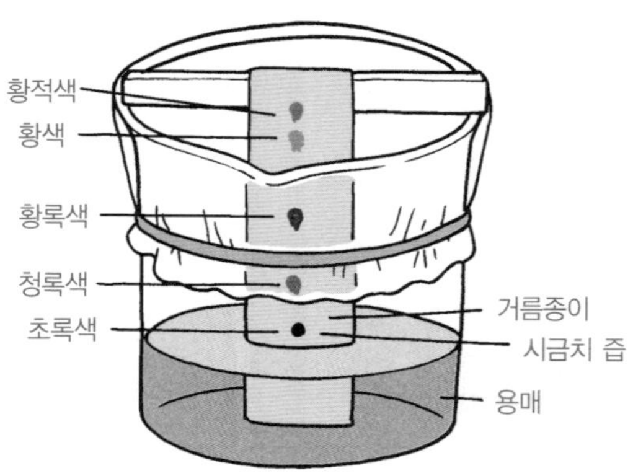

금치가 시들었을 때 노랗게 보이는 이유는 엽록소가 파괴되어 카로틴이나 크산틴의 색이 나타나기 때문이지요.

__ 선생님, 크로마토그래피는 또 어디에 사용되고 있나요?

크로마토그래피는 운동 경기의 도핑 테스트에 활용하고 있어요. 도핑 테스트란 선수들이 금지 약품을 복용했는지 여부를 알아보기 위해 선수들의 소변을 조사하는 거예요. 종종 운동선수들이 경기 능력을 일시적으로 높이기 위해 호르몬제나 신경 안정제, 흥분제 등의 약물을 복용하는 경우가 있는데, 이것은 페어플레이 정신에 위배되는 행동이지요.

도핑 테스트에 크로마토그래피를 이용하면 선수가 미량의 금지 약품을 복용한 경우에도 모두 검출할 수 있어요. 이외에도 크로마토그래피는 단백질의 성분을 분석하거나 아미노산을 분리할 때, 위조 수표를 감별할 때 사용됩니다.

여러분! 이번 수업을 마지막으로 여러 가지 물질의 특성과 물질의 특성을 이용한 혼합물의 분리 방법에 대한 여섯 번의 수업이 모두 끝났습니다. 그동안 여러분과 함께 수업할 수 있어서 난 너무 행복했습니다. 나는 여러분의 과학에 대한 열정이 한국 과학 기술의 발전을 이끌어 갈 수 있으리라 생각합니다. 여러분의 눈빛과 마음만큼 밝은 미래를 기대하며 모든 수업을 마치겠습니다.

만화로 본문 읽기

박사님! 이 우유는 맛이 달아요. 정말 맛있는데요?
그래요? 사실은 재미있는 실험을 하려고 우유에 설탕물을 넣었는데, 맛있다니 다행이네요.

우유와 설탕으로 실험을 요?
네. 혼합물의 분리 방법 중 거름이라는 방법이 있어요. 어떤 용매에 잘 녹는 물질과 그렇지 않은 물질이 섞여 있는 물질을 거름종이로 거르는 방법이에요. 이때 용해되지 않은 물질만 분리해 낼 수 있답니다.
이렇게 하면 셀로판지의 구멍보다 입자가 큰 우유는 셀로판지를 통과하지 못하지만 설탕물은 통과합니다.
거름

와! 셀로판지가 그런 역할을 하다니….
그럼 이건 어떤가요? 이 녹차는 혼합물 중에서 특정 물질만 용해할 수 있는 용매를 사용해 물질을 분리하는 방법인 추출이라는 방법이 사용된 것이랍니다.
카페인
타닌
아미노산
추출

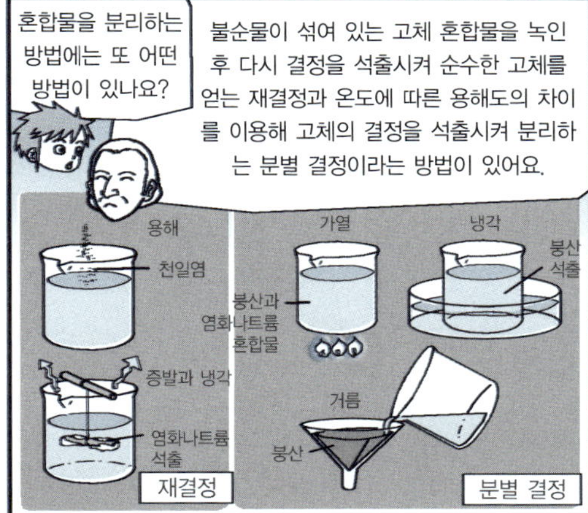

혼합물을 분리하는 방법에는 또 어떤 방법이 있나요?
불순물이 섞여 있는 고체 혼합물을 녹인 후 다시 결정을 석출시켜 순수한 고체를 얻는 재결정과 온도에 따른 용해도의 차이를 이용해 고체의 결정을 석출시켜 분리하는 분별 결정이라는 방법이 있어요.
용해
천일염
가열
냉각
붕산 석출
붕산과 염화나트륨 혼합물
증발과 냉각
염화나트륨 석출
거름
붕산
재결정
분별 결정

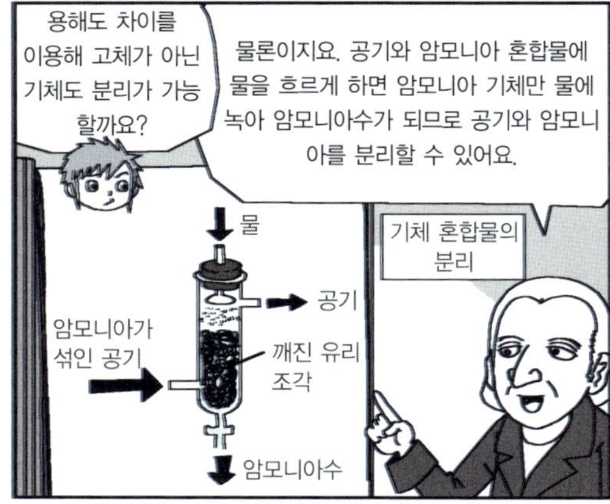

용해도 차이를 이용해 고체가 아닌 기체도 분리가 가능할까요?
물론이지요. 공기와 암모니아 혼합물에 물을 흐르게 하면 암모니아 기체만 물에 녹아 암모니아수가 되므로 공기와 암모니아를 분리할 수 있어요.
물
공기
깨진 유리 조각
암모니아가 섞인 공기
암모니아수
기체 혼합물의 분리

마지막으로 재미있는 실험을 해 볼게요. 거름종이에 검은색 잉크를 묻히고 아래쪽을 물에 적시면 성분 물질이 용매를 따라 이동하는 속도 차이를 이용해서 색들을 분리할 수 있답니다.
아! 학교에서 배웠어요. 크로마토그래피지요?!
크로마토그래피
거름종이
시료점
용매

수소를 발견하고 탐구한 캐번디시
Henry Cavendish, 1731~1810

캐번디시는 1731년 프랑스 니스에서 태어났습니다. 건강이 좋지 않던 캐번디시의 어머니는 캐번디시가 두 살 때 세상을 떠났습니다. 그래서 캐번디시는 아버지의 영향을 많이 받으면서 자랐습니다. 캐번디시의 아버지가 과학 실험을 즐겨했기 때문에 캐번디시는 어렸을 때부터 자연스럽게 여러 가지 과학 실험을 접할 수 있었습니다.

캐번디시의 집은 매우 부유하여 개인 소유의 실험실과 도서실, 천문대로 사용하기 위한 별장까지 있었습니다. 그곳에서 캐번디시는 묵묵히 자신의 학문에 대한 열정을 불태웠습니다.

캐번디시가 초기에 했던 과학 실험은 주로 화학 반응에서 발생되는 열을 측정하는 것이었습니다. 1765년의 발표되지 않은 논문에는 수은의 비열, 물과 얼음의 잠열, 산과 염기의 중화열을 정밀하게 측정한 자료가 포함되어 있습니다.

1756년의 논문 〈인공 공기의 실험〉을 통해 철이나 아연과 같은 금속에 황산과 같은 산을 떨어뜨리면 수소 기체가 발생한다고 발표했습니다. 이후 캐번디시는 수소의 성질에 대해 조사하여 수소의 비중을 비교적 정확하게 계산했습니다. 1784년 논문 〈공기에 관한 여러 실험〉에서는 수소와 산소 기체에 전기 불꽃을 가하면 물이 생성되는 실험 결과도 발표했습니다.

또한 캐번디시는 1771년부터 10년간 프랭클린(Benjamin Franklin, 1706~1790)의 영향을 받아 수많은 전기 관련 실험을 했습니다. 그리고 지구의 중력 크기를 비교적 정확하게 측정했고, 이를 바탕으로 지구의 질량과 밀도를 계산해 내기도 했습니다.

캐번디시는 1810년에 세상을 떠났지만, 1873년에 케임브리지 대학은 그를 추모하기 위해 그의 이름을 딴 캐번디시 연구소를 설립했습니다.

과 학 연 대 표

언제, 무슨 일이?

과학사

세계사

프랑스, 부풍 논쟁 발생

프랭클린
'번개와 전기의 방전이 같다' 는
연구 결과 발표

1752

유럽 대국, 7년 전쟁 시작

캐번디시
〈인공 공기의 실험〉을 통해
수소 기체의 발생 발견

1756

스웨덴, 계몽 전제 군주인
구스타브 3세 즉위

프리스틀리
최초로 물의 조성 발견

1771

독일, 괴테의
《젊은 베르테르의 슬픔》 간행

프리스틀리
산소 발견

1774

프랑스, 〈피가로의 결혼〉 초연

캐번디시
〈공기에 관한 여러 실험〉에서
산소 기체와 수소 기체의 반응으로
물이 생성됨을 발표

1784

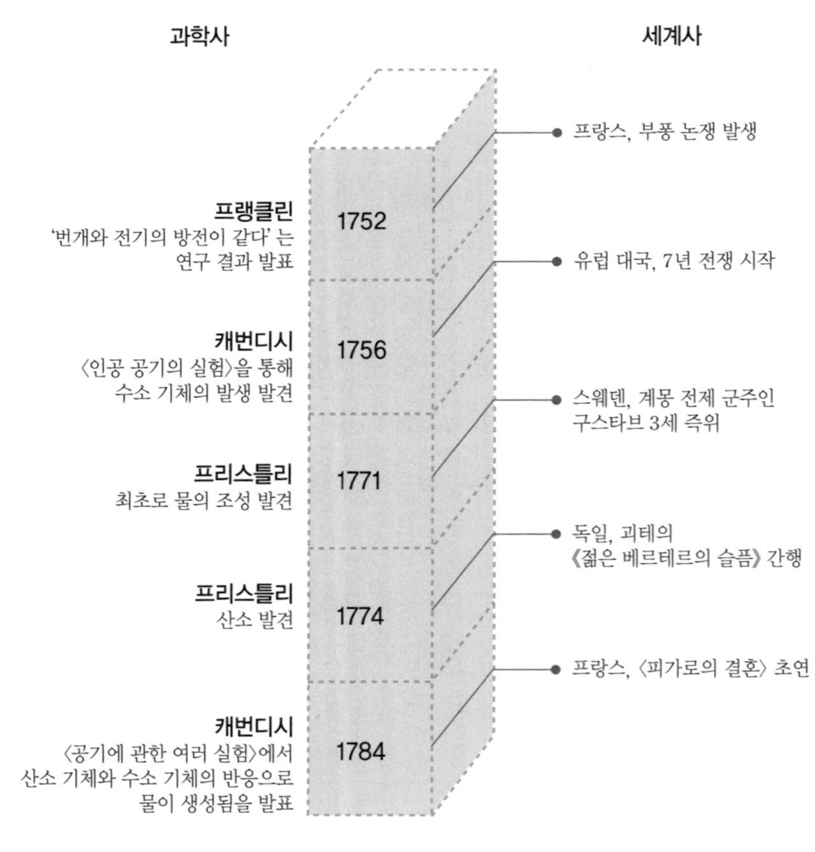

이 책의 핵심은?

1. 물질의 고유한 성질을 물질의 □□이라고 합니다.

2. 같은 물질의 녹는점과 □□□은 같습니다.

3. 물보다 □□가 큰 물체를 물에 넣으면 가라앉습니다.

4. 일정한 온도에서 용매 100g에 최대한으로 녹을 수 있는 용질의 g수를 □□□라고 합니다.

5. 두 가지 이상의 액체가 섞여 있는 혼합물을 성분 물질의 끓는점 차이를 이용하여 분리하는 방법을 □□ □□라고 합니다.

6. 물과 식용유의 혼합물은 스포이트나 □□ □□□를 이용해 쉽게 분리할 수 있습니다.

7. 온도에 따른 용해도의 차이가 큰 고체와 작은 고체의 혼합물을 높은 온도에서 용매에 녹인 후 냉각시켜 각각의 성분 물질로 분리하는 방법을 □□ □□이라고 합니다.

8. 사인펜 잉크의 색소는 □□□□□□□를 이용하여 분리할 수 있습니다.

1. 특성 2. 어는점 3. 밀도 4. 용해도 5. 분별 증류 6. 분별 깔때기 7. 재결정
8. 크로마토그래피

메테인하이드레이트

가스하이드레이트(gas hydrate)란 바다 깊은 곳의 저온과 고압 상태에서 가스와 물이 결합하여 고체화된 물질을 말합니다. 가스하이드레이트 중에서 메테인 가스를 포함한 것을 메테인하이드레이트(methane hydrate)라고 합니다. 메테인하이드레이트의 겉모습은 드라이아이스와 비슷하며, 불을 붙이면 타는 성질이 있어서 흔히 '불타는 얼음'이라고도 합니다.

메테인은 현재 우리가 사용하는 도시 가스의 주성분입니다. 따라서 메테인하이드레이트에서 메테인을 분리하면 에너지로 활용할 수 있습니다. $1m^3$의 메테인하이드레이트를 분해하면 $172m^3$의 메테인 가스를 얻을 수 있을 만큼 에너지의 효율이 높고, 석유나 석탄에 비해 연소시켰을 때보다 이산화탄소를 적게 배출한다는 장점이 있습니다. 특히 메테인하이드레이트는 전 세계적으로 천연 가스에 비해 매장량이 약 100배가 넘을 것으로 추산돼 차세대 에너지원으로 주목받고 있습니다. 한국의 동해에도 국내 가스 소비량의 30년 분량에 이르는 막대한 양의 메테인 가스를 포함한 메테인하이드레이트가 있을 것으로 추정됩니다.

그러나 메테인하이드레이트를 대규모로 채굴할 경우, 해저의 지층이 무너질 수 있습니다. 그리고 메테인하이드레이트는 저온과 고압 상태에서 고체 상태가 유지되므로 채굴 과정에서 메테인 가스가 바닷속이나 공기 중으로 흩어질 경우, 이산화탄소 기체보다 더 큰 온실 효과를 유발한다는 문제점이 있습니다.

한국과학기술원 이흔 교수팀은 한국지질자원연구원과 공동으로 메테인하이드레이트에 이산화탄소를 주입하여 메테인을 분리하는 방법을 개발했습니다.

메테인하이드레이트에서 채취한 메테인을 연료로 사용하기 위해서는 해저에서 메테인을 물과 분리한 후 안전하게 끌어올리는 기술 개발이 절실합니다. 앞으로 여러분이 훌륭한 과학자가 되어 메테인하이드레이트를 상용화하는 기술을 개발할 수 있기를 바랍니다.